十六周的人生蜕变

胡蓉蓉
(Vvivi Hu)

著

找到意想不到的自己

上海交通大学出版社
SHANGHAI JIAO TONG UNIVERSITY PRESS

内容提要

在本书中，Vvivi 不断地将"体验与冒险"这一人生理念融入进去，贯穿全书。Vvivi 强调自我成长的理念，希望大家能够在轻松、愉悦的氛围中实现自我探索，最终发现更美好的自己。

本书篇章主题广泛，涉及职场生活、健康生活、社会交际、情操陶冶等各个方面，读者可以跟着 Vvivi 的脚步，按照"发现季、实践季、探索季、成长季"的顺序，慢慢实现个人的探索与成长。本书在每一篇后面都有行动建议，帮助读者进行自我蜕变。

本书适合所有想要自我提升与改变的人士阅读。

图书在版编目(CIP)数据

十六周的人生蜕变:找到意想不到的自己/胡蓉蓉著.—上海:上海交通大学出版社,2015

ISBN 978 - 7 - 313 - 13280 - 2

Ⅰ.①十…　Ⅱ.①胡…　Ⅲ.①成功心理—通俗读物　Ⅳ.①B848.4 - 49

中国版本图书馆 CIP 数据核字(2015)第 141746 号

十六周的人生蜕变
——找到意想不到的自己

著　　者:胡蓉蓉

出版发行:上海交通大学出版社　　　　　　地　　址:上海市番禺路 951 号

邮政编码:200030　　　　　　　　　　　　电　　话:021 - 64071208

出 版 人:韩建民

印　　制:昆山市亭林印刷有限责任公司　　经　　销:全国新华书店

开　　本:880mm×1230mm　1/32　　　　　印　　张:5.125

字　　数:84 千字

版　　次:2015 年 9 月第 1 版　　　　　　　印　　次:2015 年 9 月第 1 次印刷

书　　号:ISBN 978 - 7 - 313 - 13280 - 2/B

定　　价:32.00 元

序 言

蜕变，存在于每个人的内心

为了更了解我们的女性消费者，我们在亚洲范围内针对女性的自我认知做了一个调查。正当我们觉得，现代女性比以往任何时候拥有更多的自由和权力时，我们的调查结果却让我们大跌眼镜：超过 2/3 的女性，觉得她们的命运是天生注定。

但 SK-II 并不这么认为。

自 2015 年初开始，SK-II 在全球开启了 SK-II 有史以来最大的品牌活动♯改写命运♯。我们希望用独立女性真实的故事，去影响以及鼓励更多的女性去相信自己、改写命运。SK-II 与我们的全球代言人凯特·布兰切、汤唯以及各行各业的杰出女性携手，用自己真实的故事，传递无畏命运安排的生活态度，果敢作出服从内心的选择，走出生活中的舒适区，勇于尝试，改写命运，实现蜕变。

我们相信，命运，不在于运气，而在于选择。

在♯改写命运♯的旅程之中，我们很荣幸能与胡蓉蓉女士携手，分享她有关改写命运及蜕变的感悟。胡蓉蓉女士是一个冒险家，也是一个完美主义者。她曾经历过职业与人生的数次蜕变：从咨询师到创业者，再从创业者，成为天使投资人，再回到企业高层。她丰富的人生经验以及勇于尝试的人生态度，相信能鼓励和影响更多寻求自我蜕变的女性。记得胡蓉蓉女士曾经说过，其实许多女性都有自己不自知的蜕变潜力，但她们对未知有太多的恐惧，不敢踏出第一步，去探索命运中的不同选择。《十六周的人生蜕变》是一本能够带领你一步一步做出新尝试的书，带你探索生活中未知的美好。从今天开始，与胡蓉蓉女士一起探索生命中的可能，16 周后，你会惊讶于自己的蜕变。

每一秒，都可以让下一秒变得更好。

改写命运，你也可以。

Markus Strobel

SK-II 全球总裁

Change, is in all of us

To understand our female consumers better, we conducted research across Asia on women's self-perception. Just when we thought women in modern society had more freedom andpower today than ever, the result of the research was surprising: Over 2/3 of women believe their futures are pre-destined.

But SK-II believes otherwise.

Beginning from 2015, SK-II has initiated the biggest campaign of all time: #Change Destiny#. We would like to inspire women with authentic stories of other women like our global ambassadors Cate Blanchett and Tang Wei, and other brilliant women who are extraordinary in their fields, and most of all, have the fearless attitude of making choices to step out of their comfort zone to try something new.

We believe, destiny, isn't a matter of chance. It's a matter of choice.

In the movement of ♯Change Destiny♯, we are honored to have Vvivi partner with us in this journey. Vvivi is an adventurer, a risk-taker and also a perfectionist. She had experienced important changes herself in her life: from a consultant to an entrepreneur, and from an entrepreneur to corporate executive. Her experience of being in different roles and her attitude towards life should inspire women to look for transformation of their own. As Vvivi once said, most women have the potential to change their destiny, but they are too scared to take the first step out of their comfort zone to explore other options life has to offer. *Transformation in 16 Weeks*, is a book to guide you in taking small steps to explore your opportunities. So start your transformation journey with Vvivi now, and you will be surprised at what you could achieve in 16 weeks.

Make the next second greater than now.

Change, is in all of us.

Markus Strobel

SK-II 全球总裁

导 言

这是互联网的快时代，信息爆炸的速时代，众说纷纭的享时代，也是幽默愉快的乐时代。虽然时代在变，但我们想要变好、变完美的欲望不变。只不过，这不应该是经历青春期和高考升学般痛苦严肃烦人有压力的课题，而应该是一个轻松有趣的话题。

和我一起吧，从杂志画报的拼图开始，发现更美好的自己。每周一篇，在快乐中完成蜕变！

若你和每个女性一样，每月有好比吸食海洛因般的阅读杂志和疯狂购物的习惯，你在期待一个更好的自己。你想要自己更美，更自信，更坦然；你想要生活更丰富，更快乐，更新鲜；你想要朋友更多，更亲密，更开怀。杂志和广告中的每一个页面，都是一个选择，摆在你的面前，诱惑着你，问你要不要试一下成为那样的人。如果你不知道自己要什么，不知道自己要成为什么样的自己，不知道自己憧憬的美好是什么样子，那你的《时尚》

（Cosmo）杂志和商业社会的橱窗广告商品仿佛一个张牙舞爪的巫婆，把不同的色彩堆砌在你身上，把不同的生活放在你的面前，而你就如同一个陀螺，舞动着，停不下来。而且，你是被动地旋转着。

你得找回主动，变为一个魔法师，让一切以你为中心，让一切为你服务。把杂志撕开吧，我们一起来做一个画报拼图，让你在支离破碎的页面中，找到一个更美好的自己。在 16 周里，从发现更美好的自己开始，我们一路探索、发现和改变。从美好的人生态度，到更有力的生活方式，到更快乐的自我创造，到最坚韧的精神力量，我们经历了发现、实践、探索和成长四个阶段。16 周后，你能充满喜悦地告诉自己，是的，我离更美好的自己又进了一步。又或，16 步。

目 录

蜕变的十六周计划

十六周的人生蜕变

蜕变计划

发现季

更美好的人生态度

第一周　　拼贴画：用 12 张图片寻找自己

第二周　　正事件周记：写下让自己快乐起来的文字

第十三周　发现佛性：泡一壶茶在窗边静坐 30 分钟的禅意

第十四周　寻找真实：和年少时的朋友一起喝一次下午茶

实践季

更有力的生活方式

第三周　　绿果昔：坚持快速简单美味又健康的早餐

第六周　　去芜存菁：扔掉一件让你厌倦却又迟迟没有抛却的东西

第七周　　发现天生的跑者：穿上跑鞋跑一段一个人的坚持

第十一周　生活的勇气：今天 11 点睡明天 5 点起无争议

探索季

更快乐的自我创造

第四周　创新自我：读一本自觉永远不会喜欢的书

第八周　重回课堂：报名一个有趣的三个月短期课程

第九周　行者心情：一个下午带着相机走在熟悉城市的陌生街头

第十周　沉淀的奢侈：用一整天的时间沉浸在读书的流意识中

成长季

更坚韧的精神力量

第五周　　走出舒适区：参加一个陌生人多得让人退缩的聚会

第十二周　捍卫自我：说出你不敢说出的"不"

第十五周　战无不胜：找到一条让自己充满自信的裙子

第十六周　精神奖励：和恋人或闺蜜一起去画一幅油画

第一周

拼贴画：用 12 张图片寻找自己

你一定爱看杂志吧！如果你是女生，每一期的 *Cosmo*、*Elle*、*Bazzar* 都不错过。如果你是男生，那应该就是 *Esquire*、*Ellemen* 之类了。每次看杂志是不是都有各式各样的感慨？"Mmm，我应该把这条裙子买回来。""Oh，这个活动看着不错，要去参加。""Wow，她的经历太传奇了，好崇拜啊！"每次看完杂志是不是都有各式各样的冲动？大多数的人都会在 24 小时内出门购物，或者，在 2 小时内打开淘宝。我们在整个过程中经历了一次小小的洗礼，被时尚和商业社会的广告和宣传大片冲击着视觉感官，不知不觉中把自己投射到杂志中的主角身上，头脑中反复放映着自己穿着他们的衣服，过着他们的生活，走过他们的经历。

可是，每一个月都是重复的历程，每一次的洗礼都大同小异。

读着杂志，有着对自己的不满，想要变得更好，成为生活舞台的主角，于是出门买了新的衣服，做了新的发型，参观了新的展览。可一个月过去，你再读着新一期的 *Cosmo*，你还是你，你还是没有找到当主角的感觉。所以，你必须再出门，再买这一季最流行的衣服，做这一季最当红色彩的指甲，参加这一季最 in 最 hot 的 party。每一个月，你的 *Cosmo* 好比一个奴隶主，变成了你生活节奏的挥鞭者。

Stop！

如果你拿出 10 年前的时尚杂志和最新一期的时尚杂志，其实你会发现内容大同小异。至少我比过 15 年前的 *Elle* 和如今的 *Elle*，除了广告页面大增，让杂志厚了 3 倍，重得可以砸死人之外，传递的内容和架构基本没什么差别。目录、编读往来、当季必备 Must Have、时尚大片（内拍和外拍）、彩妆、八卦、业界新闻、流行 CD 和书籍，再穿插着明星、名人、企业家的励志故事、美容搭配、经验分享，最后必然再来个读者有奖订阅。所以你在读杂志的时候在读什么？你在想象着什么？憧憬着什么？难道就是期待掌握当季的 Must Have 或妆容要点？面对时尚翻天覆地的变化，怕自己出门落伍得厉害？其实没有你想象的那么严重。

只不过，每月好比吸食海洛因般的阅读，你在期待一个更好的自己。你想要自己更美,更自信,更坦然;你想要生活更丰富,更快乐,更新鲜;你想要朋友更多,更亲密,更开怀。杂志中的每一个页面,都是一个选择,摆在你的面前,诱惑着你,问你要不要试一下成为那样的人。如果你不知道自己要什么,不知道自己要成为什么样的自己,不知道自己憧憬的美好是什么样子,那你的 Cosmo 仿佛一个张牙舞爪的巫婆,把不同的色彩堆砌在你身上,把不同的生活放在你的面前,而你就如同一个陀螺,舞动着,停不下来。而且,你是被动地旋转着。你得找回主动,变为一个魔法师,让一切以你为中心,让一切为你服务。把杂志撕开吧,我们一起来做一个 Collage,让你在支离破碎的页面中找到一个更美好的自己。

Collage 拼贴画

这是当年我在麦肯锡的时候和一个市场调研公司合作学到的一招。文字是匮乏的,如果你让一个访谈对象描述对一个事物的感受,你只会得到几个干巴巴的字眼儿,缺乏想象力。而图片却是丰富的,它包含着只有复杂的文字才能表达的一切,包括情绪,包括感受,包括理想。于是,每一个访谈者都会拿到一大堆的杂志,让他们把能够体现他们对对象事物感受的图片撕下来,贴在对象事物的周围。差不多找到 12 张图片后,我们就有了一幅丰富多彩的 Collage。访谈对象看着自己做的 Collage 再来解释为什么选择这些图片来描述对象事物的原因时，你会发现丰富有力的文字源源不断地流出来。患者会把一幅高尔夫球场的画面贴在哮喘药的边上，因为哮喘药对他而言，是哮喘不再复发后的平静生活，能够放心地去打球，感受运动的快乐。消费者会把一个路易威登的包的图片贴在星巴克的边上，因为拿着星巴克的杯子走在路上，会让她感受到一种好比奢侈品的生活方式，代表着自己融入和感受着外来文化的优越感。所有这些，都是 Collage 带来的无法想象的故事。

你爱好杂志的某一个画面，一定是那幅画面让你产生了某种共鸣，那是超过一件衣服、一个妆容的共鸣。可能是一种生活方式的感同身受，可能是期待更美好自己的无限憧憬。如果你不加以想象和思考，只是简单地让拥有的欲望来解释这种共鸣，你便陷入了女巫的陷阱。你需要做的，是把那些让你心有所动的画面和故事撕下来，放在一边，加以归类，看看触动自己的到底是什么欲望。你会发现，原来那张超模穿着比基尼的图片，让你心动是她完美健康的身材，而不是那件白色卸肩泳衣。你会发现，那张充满美食的餐厅图片，让你心动的是健康的餐饮习惯，而不是这家餐厅。你会发现，那张红唇迷离眼线的无瑕妆容图片，让你心动的是成熟自信的眼神和表情，而不是某品牌的唇膏和眼线笔。

动手吧！毫不留情地把每一页让你心动的图片撕下来，问问自己，到底是什么让你有所触动；问问自己，到底想要成为什么样的自己。把同一类感受的图片归类，找出你在这一类中感受最强烈的那一张贴在你的照片周围。最终的 12 张图片，围绕在你的照片周围，便是你的 Collage，或者说是更美好的自己的 Collage。不要忘了，用你的语言去描述你的感受，说出自己想要的自己。最后，把你的 Collage 贴在你的床头或梳妆镜旁最显眼的地方，让自己每天都可以遇见，更美好的自己。

Vvivi 建议你：

（1）立即动身去找几本包含着许多图片的废旧杂志，选择一个不受打扰的环境，选择让自己兴奋的音乐作为背景。

（2）在一首歌的时间里最快地翻阅杂志，相信自己的直觉，尽情地把你第一眼看到就喜欢的图片撕下来吧！

（3）把所有的图片放在一起，试图用你撕下来的每一幅图片说一个故事，告诉自己，你为什么会喜欢它，试图挖掘背后的深层次原因。

（4）把你的 Collage 用相框裱起来，挂在你的床头或梳妆镜旁最显眼的地方，让自己每天都可以遇见更美好的自己。

（5）也可以找自己的朋友一起来完成 Collage，这样可以互相分享并分析自己内心的意图和想法，并在事后互相监督哦。

我的行动计划：

_____

_____

_____

_____

_____

_____

我的行动记录：

_____

_____

_____

_____

_____

_____

第二周

正事件周记:写下让自己快乐起来的文字

写下本周蜕变的标题时，其实我的心情并不好，说来还有些糟糕。在一个闷热无比的上海黄梅天里，我遭遇了一个不可理喻的人，进行了一番让人郁闷至极的交谈，关键是这样的交谈还是不可避免的。让这个周日的 9 点半，显得格外的无奈。无奈于，人生大好的时光被浪费在毫无意义的事情和人身上；无奈于，本来就很珍贵的周日晚上，已经在指尖逝去了大半；无奈于，在剩下的周日 2 个半小时的夜晚，郁闷和懊恼还会萦绕不去。

我想，这样的场景一定很常见。否则，不会有这么一句古话，叫做"人生不如意，十之八九"。每天 24 小时，除了 8 小时的睡眠时间，我们得以在梦中和自己真正地独处自得，其余的 16 小时或更多时间，我们都在经历着未意料到的、未经历过的、未期待过的事情。新鲜而未知的世界，不同自我的各色人等，若一切都和期待相符，便没有了乐趣和意义，然而和期待不相符的，必然让你有着失落、不爽、纠结、后悔、烦躁和郁闷。若是我们能具备控制人体自然而然产生这些负面感受的能力，我们十之八九是麻木至极了，还有极少的可能是练就了佛家的戒律，戒去了贪嗔痴，得来了禅定。

但毕竟这样波澜不惊的心境不是你我大部分的凡人所能获得的。否则，也不会有智者的这么一句对策，叫做："人生不如意，十之八九。所以，常想一二。"更不会有那么多的心理疏导、心灵鸡汤大受欢迎。所以，能够用简单方便的手段，让自己在八九不如意之余，能够常想一二的，才是让我们快乐起来的有效方法。在快乐起来之后，借此慢慢修炼自己的思维和心境，让快乐得以成为常态。

我的方法很简单，便是每周记一篇周记。而这篇周记，仅仅限于回忆过去一周所有让自己快乐、高兴、积极、兴奋的事件，我把它们称为"正事件"。只有这些能够让你产生正面情绪和感受的"正事件"，才值得你去花时间回忆，花时间记录，花时间慢慢咀嚼，花时间在日后翻看。相反，所有那些让你不爽的事件，那些"负事件"，统统都丢之脑后，它们不仅不值得你花费半点笔墨，连半点思绪半丁关注都不值得给予。

如果你问我这样的方法有效果吗？或者有理论依据吗？我可以告诉你，至少在我和我朋友们的身上都起着微妙的作用。至于依据，其实想想常理便明白了，并非什么深奥的科学理论。如果你有旅行拍照的习惯，走过的路，做过的事，逛过的店，都会随着时间的流逝，回忆的错觉，新记忆的诞生，而变得慢慢模糊或有差异，唯独那些你拍照记录下的瞬间，常常翻看，每次都有"啊，原来当时是这样"的感受。几次之后，这些被反复更新加深的照片场景，便成为你最鲜活的记忆。如果你有记日记的习惯，并常常翻看，亦是如此。若干年之后，大多数能够记得十分鲜活且准确的片段、事件和感受，都是你在日记中记录着的。虽然过去不能改变，但过去只存在于我们的记忆里。为什么我们不能通过有选择性地记忆或遗忘来重塑过去呢？用外力的手段，帮助自己加深那些"正事件"的记忆，遗忘那些"负事件"的记忆，让自己的记忆永远充满正能量，想来都是快乐回忆，让自己有更乐观的心情前进更远，有更积极的态度迎接更大的挑战。

我记得看过一个日本电影，一个冷血杀手遇到意外失忆了，一个跑龙套的演员为了偷他的钱，悄悄地和他交换了钱包。凭着钱包里的身份证件，这个冷血杀手彻底忘记了自己的杀手身份，借着小伙子蛛丝马迹的日记，一心一意地立志要做好一个演员，从此过上了阳光下的生活。改变记忆，便可以改变认知；改变认知，便可以改变行为；改变行为，便可以改变未来。那我们，为了更好的未来，为什么不能选择性地失忆呢？更何况，记忆有自我加深的倾向，越花时间花心思去回忆咀嚼的，越容易被深深地记录下来。那记录"正事件"周记的好处，便是让你加深"正事件"的记忆，用加重对"正事件"的关注和精力投入，减少纠结于"负事件"的时间，从而达成选择性的记忆和忘却。

最关键的是，通常写完"正事件"周记，你的思绪因为专注于写作和回忆，深深地浸润在正能量的海洋里，会让这种幸福感持续好一段时间。无论开始时是什么情绪，结束的当下，一定是快乐正面的。而过去和未来，也在你的日积月累的"正事件"周记中，变得积极和美好。

至于周记的方法，千万不要拘泥于形式。喜欢手写的，便记在漂亮的日记本上；热爱电子设备的，可以打字记在印象笔记（Evernote）或手机的记事本里；这周有心思长篇大论，那就多写一些；下周时间紧迫，寥寥数语都没关系；喜欢言简意赅的，可以用 bullet points；喜欢口述的，也可以录音。但关键是，让自己养成习惯，每隔一周，梳理自己的记忆，去芜存菁，把人生十之八九不如意之外的一二，珍藏。

还等什么，现在就开始你的第一篇"正事件"周记吧！

Vvivi 建议你：

（1）如果你准备手写，找一本精致的笔记本和一支出水流畅的钢笔吧！它们能让你的心情变得更加愉悦。

（2）或者可以利用社交媒体和微信的朋友圈，把每次遇到的正能量事件用 moments 记录下来，顺带还可以把正能量分享出去！当然，也不要正能量超标，刷屏哦～

（3）有空时不要闷在家里，一个人出门逛一逛或和朋友们多交流，寻找身边能给你哪怕细微感动或者让你情不自禁大笑的正能量。

（4）反省自己的朋友圈，盘点一下哪些朋友是正能量的，哪些朋友是负能量的，分别有些什么特点，这样就可以学到很多 Dos and Don'ts（该做的和不该做的）。

（5）多和正能量的人做朋友，学会当快乐来临就尽情享受，当烦恼来袭就冷静解决。

我的行动计划：

_____

_____

_____

_____

_____

_____

我的行动记录：

_____

_____

_____

_____

_____

_____

第三周

绿果昔:坚持快速简单美味又健康的早餐

说起早餐，总是让人又恨又爱。

从小，我们就在父母的千叮万嘱下晓得了早餐的重要性，也清楚不吃早餐的十大恶果，比如，对胃不好啦，一天无精打采啦，没有营养啦，容易焦虑啦。只是，我们要忙着 7 点上学 8 点上班却在前一天凌晨 1 点还恋恋不舍不愿入睡。早上的半个小时，用来吃早饭实在是太浪费了，还不如用来补眠，赖个 10 分钟的床，应该比一顿丰盛的早餐进补多了。至于空荡荡的胃和低血糖的头晕，就在路上用一个煎饼果子、几块闲趣饼干打发掉吧！大多数的美女，顶着饥饿的痛苦，满心却是错过这顿也是高兴的，因为少了早上这一顿怎么也得少了好几百卡路里吧，日积月累也是好多斤脂肪呢。

可是，我们也是爱早餐的。否则欧美丰盛的早午餐（Brunch）概念怎么会风靡到中国的各大城市？闺蜜朋友约个周末见面，午餐晚餐已经有点土气了，约 11 点钟的五星级酒店 Brunch，才显得高端洋气上档次。从诸多形状的各色麦片，到色彩缤纷的水果甜点，还有刚出笼的港式茶点、日式寿司、生鱼片、蟹脚和大虾，外加香槟 free flow 随便饮，不吃个肚滚胃圆的，怎么对得起难得得闲的周末？所以早餐，总是让人又恨又爱。

其实早餐，真的很重要。真正的重要，除去那些网络通常可以搜索到的各种原因，还因为它是开启一整天身体新陈代谢的钥匙，是一整天营养吸收的黄金期，更是一整天活力健康的基调。一早醒来的第一顿，好比开车点火的那一瞬间，把身体从入眠后的低代谢状态唤醒，告诉你的代谢系统，新的一天开始了，必须开始加大马力燃烧释放能量了。若是没有这一顿，等到中午才点火，你的身体在整个上午都处于低代谢的状态，虽说少吃了几百卡路里，但是消耗也足足少了这几百卡路里，所以，你白白遭罪饿了一顿，无精打采、行尸走肉了一上午，脂肪君却并不见少，关键是下一顿进食时，代谢系统还记得上一顿的饥荒，于是更夸张地储存能量、减少消耗，以防你再闹饥荒，结果是脂肪军团力量得以扩充，代谢滞胀不堪设想。所以，若是早饭吃得好，营养比例恰当，除了对身体健康的好处多多外，还能让代谢的马力加大，吃饱了却消耗得更多，一天也更有精气神儿。

最好的早餐，应该包含蔬菜、水果、高纤维的谷物、健康的坚果、充满蛋白质的鸡蛋、含钙的牛奶和含有益菌群的酸奶。看到这里，即使你有着再大的决心要吃好早餐，此刻差不多也烟消云散了吧？要吃那么多东西，就算一样样以狼吞虎咽的速度吃下去，至少也要花个 15 分钟，若是细细咀嚼，起码也要 30 分钟了，这连 1 分钟都显得宝贵的早上，怎么容得起这样的挥霍？

若要早餐吃好吃营养，却还要省时省力，我建议每家每户都应该配备一个高速搅拌机。就是各大餐厅酒店用来做奶昔（Smoothie）的那种小家电。普通的如 Philips，高档的如 Vitamix，各色品牌价格从上百元到上万元不等，丰俭由人。所达成的功能，就是在忙乱的早晨，让你把上述早餐必备的材料一股脑地倒进搅拌机里，在 1～2 分钟后便生成一杯充满足够养分的 Smoothie。之后，你可以用屌丝豪爽的方法花 1 分钟就着搅拌杯一饮而尽，也可以用白富美的方式把 Smoothie 倒入从星巴克专门购买的透明 Smoothie 杯，带在路上慢慢享用，仿佛上班的路上也有了周末逛街的快乐。

美国这两年从好莱坞明星开始，风靡盛行美国白富美群体的 Green Smoothie，就是差不多的意思。所谓的 Green Smoothie，就是以 40％的绿叶蔬菜混合 60％的成熟水果，搅拌打匀而成的饮料。大量的美国美女帅哥将其作为不可缺少的早餐对象。当然啦，一定是各项实验研究表明，早餐若能够食入绿色蔬菜，对人体的好处实在多多。除了充分的维生素和大量的纤维素可以在一早养分缺失的情况下尽快进入身体之外，摄入蔬菜成分中的叶绿素能够大大增加身体的活力和抵抗力。因为研究表明，叶绿素的分子与红血球的分子几乎完全一样，一早就补充叶绿素，据说好比输血一样，所以喝了 Green Smoothie 必然像打了鸡血一样兴奋，一天的高效和精神当下可期，这一点笔者有着亲身感受。至于混合水果，除了营养成分外，口感也是重要的一部分。毕竟叶子 Smoothie，于人类而言，还是难以下咽的。

所以，要有个健康营养美味饱腹还快速的早餐十分简单，就从一杯 Smoothie 开始吧。在周末有空时，去超市或集市备足洗净各色水果、蔬菜，再搞定坚果、燕麦、牛奶和酸奶，煮熟几只鸡蛋。每天早上，你可以随着心情，选择食材创新地调配自己的 Smoothie。Smoothie 比榨汁更方便，不仅仅在于没有复杂的清洗，还保留了纤维，却因为经过搅拌打碎更容易消化吸收，特别适合早上刚刚苏醒的肠胃。这样的早餐，营养成分到了，胃也有食物安慰了，新陈代谢也发动了，关键才用了 5 分钟不到的时间，就可以实现从准备到吃完的高效。至于味道，你可以通过调配蔬菜、水果、坚果、燕麦、鸡蛋、牛奶、酸奶的种类和比例，找到你最喜欢的几款。

推荐我最爱的几款 Smoothie 和 Green Smoothie 吧。

香蕉芝麻核桃 Smoothie：

成分：香蕉 1 根，芝麻核桃 1 勺，燕麦 1 勺，鸡蛋 11 个，牛奶酸
　　奶各 150 毫升

效用：补充能量

大力菠菜桃子 Smoothie：

成分：菠菜 250 克，桃子 1 个，香蕉 1 只，柠檬半个，杏仁 1 把，
　　水 150 毫升

效用：改善疲劳

芹菜苹果柚子 Smoothie：

成分：苹果 1 个，去皮柚子 2 片，芹菜 2 大根，杏仁 1 把，酸奶
　　150 毫升

效用：排毒养颜

Vvivi 建议你：

（1）在你的小区或者上班的公司附近，找一家出售鲜榨果汁或者 Green Smoothie 的商店，或者网络上也有很多品牌能够直接递送 Green Smoothie 哦。提醒自己每天都要来一杯满满的叶绿素和高纤维。

（2）如果觉得买来的太贵，可以自己投资一个高性能的果蔬搅拌机（不是榨汁机），养成经常采购蔬果的好习惯。你的冰箱里的储备决定了你的健康程度。

（3）尝试至少 10 种以上不同组合的 Green Smoothie。找到你最喜欢的那几种。你可以试试羽衣甘蓝，是我比较喜欢的绿叶菜之一，富含维生素 A 和维生素 C，非常适合打成 Green Smoothie。

（4）记住，一定得是新鲜果蔬不加糖。糖并不是我们想象中那么健康的食物，它会对肝脏和新陈代谢造成潜在的损害，容易让人加速衰老，而且跟可卡因一样容易让人上瘾。所以，戒掉你身边的糖吧！

我的行动计划：

_____

_____

_____

_____

_____

_____

我的行动记录：

_____

_____

_____

_____

_____

_____

第四周

创新自我:读一本自觉永远不会喜欢的书

　　不知道你会不会和我一样，有时突然感觉生活陷入了一个轨道，每天都有日复一日的重复感和熟悉感。每天总是走同样的路线去办公室，搭乘那几家航空公司的飞机，住某个集团品牌的酒店，看某一类的书籍，见某一类的人，和同一群朋友喝茶聊天，上那几个网站，看这几出美剧。

　　可是，尴尬在于，这生活也不是日复一日简单的重复。因为你也去不同的地方旅行，想创造一个不同的环境；你也搜索不同卖书网站推荐给你的书籍，想增加些知识，读到些新鲜；你也看着理论上每日更新的新闻网站和报纸杂志，想用别人的事件丰富自己的生活；你也和不同的客户和合作方接触，他们有的正直渊博，有的贪婪浅薄；你也和不同的朋友聊天，他们有人爱旅行，有人是宅男。所以，我们都略有些困惑，不知是哪个环节出了问题，什么样的选择才能让生活如沐清新的春风，像春日的田野那样色彩斑斓起来。

所以，我特地从书籍入手，把书架上的书都整理了一遍，想看看自己为什么读了那么多书，却总觉得没有新意。从 Facebook 首席执行官谢丽尔·桑德伯格（Sheryl Sandberg）最新出炉的《向前一步》（Lean in），傅高义教授最新的《邓小平时代》，到经典类的现代管理学之父彼得·德鲁克（Peter Drucker）的《卓有成效的管理者》，巴菲特的投资伙伴查理·芒格的《穷查理宝典》，诸如此类，外加一大堆《哈佛商业评论》和《财经》之类的杂志。我顿时发现我的阅读类型其实无非是经济、金融、商业管理、领导力、名人传记那几类。想来，大学毕业后做了管理咨询，后来去读了商学院，再后来自己创业、领导或是投资，心中似乎觉得只有读点相关领域的东西才是正道。若是有闲的时候就读读微博，看看网站，听听新闻，或是为了出去旅行而读些游记，仅此而已，很少有其他领域的深度阅读。

难怪，虽然买着读着无数本书，却总觉得大同小异，没有什么新鲜感，是因为自己的选择产生了习惯性的定势，入眼的总是自己的"主流"领域。每次买书查看分类，总是习惯性地点开经济管理分类，哪怕看畅销书榜，那些小说、科幻、建筑、生物、自然、文学之类的书籍，总是仿佛消失般地被忽视不见。渐渐的，日常的阅读也是如此,总是倾向于选择同一类网站,关注同一类微博博客,甚至,和同一类人沟通交流。或许,读过初中、高中的我们都慢慢遗忘了,若不是为了考试,这世界上还有文化、艺术、音乐、生物、地理、气象、化学、物理等各色学科的存在。而各种软件、网站和服务,也在迎合着我们的习惯,总是根据我们过去的选择,推荐给我们未来的选择。最终的结果,便是我们选择着自己过去的选择,选择的习惯越来越窄,越来越定势,生活和个性也会越来越局限。

我想要打破这种定势,创新自我和生活。我们用自己的定势思维和习惯在无形中给自己画了一个圈,把自己圈了起来,即使我们自认为在圈中奔跑,其实也只是在沿着内圈转悠而已。唯有逆向思维和行为能帮我们跳出圈外。比如,从找到并细读一本自觉永远不会喜欢的书开始。

于是,我找到一本建筑书籍《破土:生活与建筑的冒险》。作者凡尼尔·李布斯金(Daniel Libeskind)是纽约世界贸易中心重建项目的总体规划建筑师。作者写道,当年自己在德国设计犹太博物馆前,有个当地颇受追捧的建筑师好意提醒他这位外国设计师有关德国建筑的规整性,尤其是洗手间的规格。好心的建筑师递给他一张规格表,可丹尼尔却在谢过之后,把那张记满数据规格的小纸条默默地放在了一边。他说，一个好的建筑师，想象的不是规矩，而是建筑要传递的美，表达的意思，实现的居住；创作的灵魂在于自由和无形，而突破也在此之间。要找到更好的自己，实现更大的可能，必须在规则和习惯中找寻突破。

突然联想到自己人生的几个变换，其实也都遵循了这个道理。考大学选专业的时候，别人都建议我英文好应该去读上外，可我想要看看传说中女生读不好的理工科到底是什么样子，最后练就了清晰的逻辑思维。大学毕业找工作的时候，连管理咨询是什么都不知道的我，阴差阳错地在一个读管理学院的朋友的怂恿下去投了安达信的简历，因为觉得整个面试过程截然不同的新鲜，义无反顾地入了行，最终找到了自己最爱的商业领域。申请商学院的时候，若是照着常规，理工科的背景申请麻省理工是顺其自然的，却因为朋友的一句反问，最终申请了哈佛，获得了一流的案例教学和思维方式。因为突破，选择了自己不会选择的，打开了一扇扇未知世界的窗。若是过去可以给自己带来了不断的惊喜，那现在，为什么不呢？

生活有轨迹，所以有约定俗成。难免自己或别人都会给你戴个帽子，架个框框。你以为自己这个行，那个不行；你以为自己这个喜欢，那个不喜欢；你以为此人做得了朋友，那人做不得。我们拒绝有些事物和人，甚至忽视了这些选择的存在，只是照着习惯顺着原本的轨迹走下去，往往会错过有些自己认定的不可能。所以，习惯旅行住五星级酒店，你便一辈子错过了民宿的乐趣。所以，你习惯性地避让地理、生物这些当年没考好的科目，你便错过了欣赏喜马拉雅山高度和蜂巢几何美学的可能。所以，你以为你只能在商言商，你便错过了和那些文艺范儿的朋友天南海北、大到文艺复兴小到小清新的春风拂过。

　　我们总说创新，是否也能够创新自我呢？那就从一本书开始，选择自己不常选择的，发现一个意想不到的自我吧。我选择了"破土"而出，你呢？

Vvivi 建议你：

（1）建立自己的"创新自我书单"。经常更新增加累积，同时也可以跟踪自己已经阅读完的书籍，这样会非常有成就感，也容易坚持。

（2）建立书单时，可以在朋友圈发一条微信，问问大家都在看什么书，推荐什么书，为什么，然后把书单按你通常最不会看的顺序排列。

（3）在周末，经常逛一逛你所在城市的书店，或者浏览网上的书店，去刻意打开那些自己通常不会关注的书籍，或者自己好奇但不熟悉的领域。

（4）如果你喜欢看电子书，可以投资买一个 Kindle，这样方便携带许多本书在身边随时阅读。

（5）每周末指定一个上午、下午或晚上作为专用阅读时间，专心地只看一本书，即使是艰涩难懂，也尝试囫囵吞枣。人的大脑的学习能力超出你的想象。

（6）在读书的时候，养成记笔记的习惯，尤其是那些对你深有启发、让你充满行动力的信息和知识，这样让每一本读过的书都能被切实地用起来。

我的行动计划：

_____

_____

_____

_____

_____

_____

我的行动记录：

_____

_____

_____

_____

_____

_____

第五周

走出舒适区：参加一个陌生人多得让人退缩的聚会

周五的下午，在茶水间和我的工作伙伴各拿着一杯咖啡，享受着这周末来临前最幸福的时光。说的话题，自然是 2 天 3 晚的周末有着哪些如意算盘及人生各色八卦。我的这位好朋友，还是单身。虽然根据欧美发达经济体的标准，还属于不用担心的年龄，但在中国，却是已经让伯母十分焦虑的年纪，若是在印度，早就应该膝下承欢好几个了。听闻他计划周五晚上一个人在家看碟，孤独地喝一杯 Whisky on the rock，我顿时动了恻隐的红娘之心。想到晚上在绅公馆有个 All University Mixer，我便好心地问他要不要去混一混，结识些不同的朋友，说不定能在找到生意关系的同时，还能找到梦中情人。

以纠结著称的天秤座的他，眼中闪过一丝亮光，一晃而过之后便略显纠结。"不错是不错。就是……好多人啊，都是不认识的。"

于是我们便停滞于探究哪些认识的朋友会去的可能性上了。当得出陌生人的比例将大于 99％ 的结论时，他叹了口气："和不认识的人群 Social 是个体力活，太累了，我还是不去了。"这不是天秤座的特色。人是一个矛盾体。我们渴望接近，向往亲密的人际关系，却又害怕接近，担心过程中种种可能产生的矛盾、不快、妥协和责任。从陌生到认识到熟悉到亲密，整个过程对心理和情感都是漫长曲折的。尤其是素未相识的第一面时，我们得开动脑筋，想着各色话题去探究双方的交集，在小心翼翼中去了解双方的个性和习惯，同时也感受着自己在未知过程中可能获得赞赏认同的喜悦或遭受拒绝打击的不快。难怪，和独处相比，交往必须付出"力气"，而和不熟悉的陌生人相处更是"体力活"了。

在晚上前往和另一些仅有一面之缘或素未谋面的"半陌生人群"吃饭的路上，我又想着下午的情形。是什么时候，和"陌生人"见面相识聊天，对我来说已经不再是一种负担，而是一种轻松的历险和快乐了呢？或许，是商学院每天必不可少的社交活动？或许，是做顾问时每天密集的陌生人访谈？或许，是自己创业时穿梭于各类展会和会场必须做的自我介绍和推销？

若是印象最深刻的第一次，应该还是大学暑期的时候，在某论坛上组织了一次羽毛球活动。虽然是个学生会干部，搞过各色文艺晚会社团活动，但毕竟是在校园环境。未料帖子一发，得到了不少人的响应，大多数都是居住在源深体育馆附近的年轻上班族。我还记得，那是个六月的周六下午，天有些闷热。一整个上午我都在心烦意乱地挣扎和纠结着要不要去参加下午的活动。各色问题像洪水一样涌来，比如，中场休息期间和周围那些人谈论些什么好呢？比如，大家打球的水平若是参差不齐，该如何安排好呢？比如，同去的人会不会态度冷漠，又或者过于热情很烦人呢？纠结过午，想着自己怎么也是号召者，一鼓作气地出门了。到了体育馆，偌大的场子满满的都是人。在当时手机还不普及的年代，要从一堆陌生人里找到目标人群的唯一办法，除了广播找人以外，就是用嘴去询问。刹那间，我的心跳都加快了。心里满是双脚转个头回去喝杯汽水看个港片的想法。在走出体育馆门口的瞬间，我突然想着，若是下次再有这样的情形，难不成我还是打道回府？纠结了一分钟后，终于走回去挨个场地问了起来。庆幸的是，问到第三个场地就是我们约定的人群，更庆幸的是，这些人都很和善有趣，不少还成为一个夏季的球友、旅友和至今的朋友。

　　现在想来，自己都觉得有些可笑。不就是和陌生人说个话认识下吗？怎么会在当时如临大敌，仿佛是个多大的坎儿。现在，随便找个陌生人访谈，再怎么难搞的人都能自如轻松地聊上半天。

从那时到现在，是变胆大了吗？是或不是，其实只是习惯了。

每个人都有自己的舒适区（comfort zone）。年纪越大，这个区域的界限便越清晰明朗。什么事能做，什么事不能做。什么事得心应手，什么事如履薄冰。随着年龄越长，经历越增，我们在每次经历之后给自己的能力画一个圈，圈便越画越深。凡是我们做过的事，每一次从不熟悉到熟悉的历练之后，被纳入了我们的舒适区；而那些我们因为未知而没有做过的事，由于对未知的担心或类似经验获得的恐惧，被划到了我们的舒适区以外。逐渐地，我们更相信自己的判断，也不再喜欢冒险去感受任何第一次经历的不适应和不舒服，直到跨出舒适区变成了一件大难事。

我们看孩子学步，看着他们战战兢兢哭哭啼啼犹犹豫豫地迈出一小步，走了一辈子的我们很难再感同身受地体会这些孩子在迈出第一步时的不适应、不安全和不舒服。当你走出几百步后，一切的不适应感和紧张感都会慢慢消融；直到几万步后，走路便仿佛是天生就会一般的自然；直到几亿步后，走路变成了不用思考的下意识行为，轻松而自在。

所有的事都如同学步，开头总是不适和让人紧张，但关键是走出第一步。再难堪也好，再奇怪也好，只要去做了，多做几次，便有了学习曲线（learning curve），慢慢地，这些新的行为便成为你的习惯，你的适应区的一部分。

所以，挑战自己，挑战自己的 comfort zone，从参加一个陌生人多得让人胆怯的聚会和活动开始吧！你会从全新的经历中，从所有的不适应中，找到一个不为你所知的自己。

Vvivi 建议你：

（1）请你花某个下午找个安静舒适的地方，准备一张白纸一支笔，让自己放松下来，开始自省之旅。不用太过紧张，想想自己的生活、工作、所做的事、所接触的人，把一些公式化的事务记录列举在第一部分——舒适区。

（2）开始想想自己遇到哪些事与人会倾向于逃避，并把它们一一罗列在第二部分——回避区。不用拘泥于格式形式，流水的思路记录一样可以。

（3）对比自己所做的事，确认自己的舒适区究竟在哪里。仔细地检视自己的习惯，看看其中有没有什么阻碍了你的进步。如果有，把它们记录在第三部分——障碍区。

（4）你可以给自己设置一系列的挑战，从易到难，并把它们写在第四部分——挑战区。例如你可以从对遇见的每一个陌生人微笑开始，到去参加一次陌生人多得让你退缩的聚会，逐步挑战自己的舒适区，逐渐你就会发现你也可以做很多你认为自己永远都做不到的事。

（5）把记录着你的舒适区、回避区、障碍区和挑战区四个部分的纸贴在自己最容易看到的地方,时刻提醒自己跨出舒适区!

(6) 就好像电脑的磁盘需要定期清理一样,个人的定期自省也是自我完善的重要部分,把定期的自省作为每月事项放在你的日历上吧。

我的行动计划：

我的行动记录：

第六周

去芜存菁：扔掉一件让你厌倦却
又迟迟没有抛却的东西

我的鞋柜里有这么一双鞋子，价格不菲 F 打头的牌子，在鞋柜里已经是第二年了，却还是完美如新。因为第一次穿出门后 30 分钟，我就有想把它扔掉赤脚走在地上的冲动。每一次打开鞋柜，总有些郁闷，纠结着是该把它清理掉腾出空间，还是该忍着痛穿上一次，以便于让自己做出如此愚蠢购买决定的懊恼减轻一些。

我的衣柜里有这么一条裙子，是朋友千里迢迢从巴黎带回来送我的小礼服，是她喜欢的款式。上装满是手工的刺绣和钉珠，下摆层层内衬微微蓬起，穿上后仿佛 18 世纪走在香榭丽舍的公主名媛。太美了，只是不适合我这种喜欢一身黑极简主义的风格。每次出席 Party 想要穿上它，都得纠结半天佩戴什么首饰提什么样的包，最终还是在临出门时换上其他的裙子，只因为实在不认得镜子里的我。好多次整理衣橱，我都有想要把它送给别人或还给朋友的冲动，但想着朋友的一片心意难以辜负，最终还是挂回衣橱。

我的电脑里有这么一个文件夹，里面是过往 10 年做过的项目资料，上百兆上千兆的文件，记录了当时日日夜夜加班加点的心血。99％的文件再也没有被打开过，占用着几个 G 的硬盘，说大不大说小不小。时间过去了，行业变化了，数据过时了，那些思路逻辑战术战略方法论的知识所得，也早已变成了宝贵的经验，渗透在每日的工作中。每次总想把鼠标移到文件夹上，按下 Delete 键后清空回收站。可是好几次，我又把它从回收站里捡了回来，因为想着，万一还有用呢？

我猜你也一样。

每个人都一样。或许是一条大学时代第一次去舞会的裙子，或许是前男友手写的一张贺卡，或许是某次竞赛获得的一个奇形怪状的奖杯，或许是姑妈送给你的结婚礼物，或许是朋友从南极寄来的明信片，或许是那条已经穿不进去的牛仔裤。

每个人都一样。总有一些东西，事过境迁，已经不再喜爱，甚至从一开始，就从未喜爱过。每次看见它们，总有种奇怪的纠结感。一个声音告诉你：把这些东西处理掉吧，腾出空间来容纳现在的生活和自己中意喜爱的东西。另一个声音却焦虑地争辩着：怎么可以？它代表着当初花出去的金钱，代表着某某对你的情谊，代表着过去的一段记忆，尽管如今想来已经不是那么愉快。仿佛有一个手指点着你，告诉你丢弃即意味着感情上的否定和背叛，否定自己当时的决定，背叛那些物件背后的人与事。

每一次，都是一种纠结，每一次，都是一种妥协。直到有一天，你决定把它收藏起来，束之高阁，眼不见为净。Out of sight, out of mind. 这种清静，持续到下一次你整理时，它再次出现在你的眼前。

其实每个人都是惧怕做决定的。而扔东西之所以让人纠结，便是它强迫你做出一个决定。这个决定是你对过去错误的承认和直面，是对想要忘却某段记忆的当机立断，更是让自己把不喜爱之物移出生命重获掌控的意志力。然而在直觉中，我们是倾向于逃避的，因为割舍和决定意味着一时间的精神痛楚，而决定避让，自然可以延缓痛楚。所以我们把东西挪来挪去，谓之整理。却没有意识到，每一次遇见这些物件，都经历了一次小小的精神纠结和痛苦，每一次遇见这些物件，都提醒我们无法决断和掌控自己生活的懦弱。这种拖延犹豫纠结所累积的折磨，远远超过了当机立断的不适应，总是以过去的经历阻挠着你活在当下，全身心地拥抱生命中最喜爱的内容。

所以，改变这个面临抉择时犹豫不决的习惯吧！从丢东西开始，把割舍生活中的无效元素、负面元素、多余元素训练成你的习惯，你的潜意识，你的执行力。让这个习惯启动你生命的好事不断。因为掌控自己所有的人，一定也能够掌控自己的人生，而不为物左右，不为生活摆布。

是的，我当初买错了这双鞋子，下次我会做个更好的决定。

是的，我不喜欢这条裙子，但我会真挚地表达我所感受到的朋友的一番心意。

是的，我不再需要这些文件，即使有万分之一的可能性有用，我也能重新做出来。

所以，我决定送走这双鞋子，退还这条裙子，把这些文件 ctrl-delete 掉，不再回收。一下子，世界清净了。鞋柜里有了空间让我心爱的鞋子舒适摆放，衣柜里有了空间让其他的裙子彻底呼吸，硬盘里一下子多出了几个 G 的空间。关键是，每一次我打开鞋柜和衣柜，看到的都是心爱之物，拿出来的都是可穿之物。每一次打开电脑，看到的都是有用的文件。再没有那一双让我皱眉的鞋子提醒我当时一时冲动所犯的购物错误，也没有那一条裙子提醒我为什么不能分享给朋友真实的自我，更没有那些鸡肋文件提醒我为什么犹豫、无法决断。

放下过去吧，从去芜存菁开始，扔掉那件你早已厌倦却又迟迟没有抛却的东西。从今天起，掌控自己的生命，决断自己的人生，卸下一切负面的物件及其背后的记忆，用最简单和清爽的自己，轻装上阵，全然去拥抱崭新的生活。

你知道要丢掉哪些东西吗？请遵循一条规则：任何事物，不管是看法还是回忆、工作，甚至人，只要让你心情沉重，让你对自己有不好的感觉，阻碍你前行的，把它丢掉、送走、卖掉、抛开，继续前行。

Vvivi 建议你：

（1）马上整理你的衣柜，找出你觉得不再需要的衣服，毫不犹豫地送给朋友或者捐给慈善机构。或者挑出你需要的，把剩下的一股脑地送给更需要的人。

（2）一下子挑出很多衣服可能有些困难，但每天或者每周挑一件，你会发现这其实并不困难。如果自己实在下不了手，也可以找朋友中性格比较果断的人来帮你做决定哦。

（3）如果你想要买新的衣服，那也没有问题，但要强迫自己每买一件新的衣服，必须把两件衣服送走，一进两出的原则，会养成良好的购买习惯，确保你要买的衣服一定比你衣柜里的更出色。这样纵容自己偶尔几次的"喜新厌旧"，反而会加速身边衣服的更新换代和整体水准的提高。

（4）和朋友定期举办整理 Party，互相"视察"对方的东西，"督促"彼此和那些弃之可惜但实在无用的东西说"再见"。

我的行动计划：

_____

_____

_____

_____

_____

_____

我的行动记录：

_____

_____

_____

_____

_____

_____

第七周

发现天生的跑者:穿上跑鞋跑一段一个人的坚持

38摄氏度的高温天,是正常人都不愿意出门的日子,可我却蠢蠢欲动,迫不及待地穿上跑鞋,戴上墨镜,拿起 iPod,冲进这艳阳高照的热炉里。快乐时我想奔跑,沮丧时我想奔跑,踌躇满志时我想奔跑,无措时我想奔跑。随便生活是什么状态如何多变,有一件事我确信它的结果——那就是跑完之后,我会快乐平静、满怀欣喜。

跑在路上,尤其是这样的天气,一定是一路行人侧目的。有的是赞赏,有的是鼓励,但大多数的还是不解、疑惑,甚至有些不屑。他们一定以为我脑子坏了,才会在这样的高温天气里出来虐着自己。也许只有跑过才明白,那不再是一种折磨,一种坚持,而是一种享受,如同在这样的天气里吹着空调一般,如同孩子天生想要欢快地跑起来一样。

文学界著名的跑者村上春树有本在跑步人群中很受追捧的书

《当我谈跑步时，我谈些什么》。他说，"我甚至觉得每天坚持跑步同意志的强弱，并没有太大的关联。我能够坚持跑步 20 年，恐怕还是因为跑步合乎我的性情。"是的，所有的跑者，也许曾经有过坚持，曾经有过克服的惰性，多数到后来，是身心的渴求，让他们日复一日、年复一年地跑下去。曾经的各种借口，风吹雨打也好，腿脚酸痛也好，艳阳高照也好，路况不好也好，时间不够也好，都逐一隐去。因为坚持的是自己的喜爱，而不是痛苦。

　　其实只是一年之前，我估计也会像那些侧目的行人一样，对各种大街上的跑者带着大半的不理解外加小半的敬仰，更不会想到自己也会成为他们中的一员。当年在哈佛读书的时候，波士顿的冬天是极冷的，零下一二十度，若是下起雨雪，恨不得连 200 米从 One Western Avenue 走去 Aldrich 的路程都省却，逃了课窝在家里看书的好。有一次不得已在冬天的风雨中要走 15 分钟去 Harvard Square，我在桥上远远看着一个干练精瘦的身影在风雨中跑过来，穿着单薄的防风衣，越来越近，直到我发现这是我认识的一个同学。我还清晰地记得当时的心情和想法："哇！好厉害。"继而转变为："哎，为什么呀，有必要吗？"时至今日，每次看到这个同学，浮现的都是他当年在风雨中一个人越跑越近或越跑越远的身影。渐渐地，直到我自己开始跑步，疑惑退去，感同身受的是那种毅力、决心和忘我，在空旷和自然的环境中，跑过一段一个人的坚持。

那我们为什么跑步呢？每个人都有自己的理由：为了健康，为了意志，为了朋友，为了美丽，为了解压。说说我的理由，若能让你有同感，有想跑起来的欲望，我便满足了。

跑步让我意志坚强。

虽然我在某些方面有着很强的意志力，但若是遇上重复性高、枯燥而需要坚持的事情，自觉还是缺少足够的意志力，常常想调个方向享受新鲜感去了。所有的体育运动中，我曾经最讨厌的大概就是跑步了，无趣、重复、消耗体力、痛苦异常，每一分钟都是煎熬。而每一次的跑步，如今都是对自己意志力的一种挑战。我最爱的跑步音乐是 Lance Armstrong 的 40 分钟跑步训练计划，每次到 32 分钟后最后一个 Lap 的时候，他的这句话总会在耳边响起："Winning is about heart, not just legs."坚持或放弃的一瞬间，很多都在决心，而不在体力和智力。要有所获得，必然要经过枯燥无味的过程，若是能在其中自得其乐，找寻到征服自我意志的力量，我们便是自己的主人。每一次跑步的正循环，都让我深知意志并不是与生俱来的，当我觉得要被打垮时，我便去奔跑，跑完你便更强大了。

跑步让我身体健康。

这个绝对是毋庸置疑的好处，甚至说出来都似乎是多此一举。

如果说减脂在初始的动力成分里占比三分之二的话，如今减脂只是自然而然的附属奖品了。你会发现从一开始脂肪组织的上下震荡，到后来核心肌肉的紧绷用力；从一开始的两腿拖沓，到后来大腿和小腿肌肉的张弛有力；从一开始的心跳急剧跟不上呼吸，到后来充分的有氧摄入和静待时一分钟 60 搏的有力心跳，那时，你才有真正跑起来的感觉，轻快大跨步地前进。跑步后，因为阳光照射的几率增加，体能合理消耗，晚上睡眠的质量也会大幅提高。因为内啡肽的生成，除了你能感受到 runner's high 那种跑者难以名状、亦哭亦笑的高潮，你也会有积极而振奋的精神和心情，感觉有力和无所不能的自我。因为免疫力的提升，感冒和偏头痛次数也减少了。对于女生，经期综合征也会自然而然地消失，每个月没有丢掉的那几天，每一天都轻松而自如。如果健康需要补剂，那每天都有跑步和运动的补剂，自然无害、随手可得，且没有成本。

跑步让我充满信心。

记得初中考试跑 800 米，会让我一个星期都心神不宁、情绪低落。我想着至少这一周要去操场天天练习，让自己适应起来，我会跑去商场买一双几百块钱的 NIKE 跑鞋让自己提振信心，想象着新鞋能让我脚下生风，可是最终我还是在每天的低落心情中度过这一个星期，直到痛苦地度过 800 米的 4 分钟，以勉强及格收场。

直到大学一年级后，终于不再有体育课了，我觉得人生最痛苦的事情终于过去了，我可以永远不用跑步了，这是多么幸福的人生啊！我怎么也不会想到，若干年后，我会如此喜欢跑步，并希望自己能够一直跑下去，如同每天的进食睡觉，成为我生活中不可分割的一部分。而且我跑的不是 800 米，而是 5 000 米、10 000 米、21 500 米，那是 6 个 800 米，13 个 800 米，27 个 800 米。我喜欢上了自己认定永远也不可能喜欢的事，我达成了自己认定不可能达成的目标，我成为自己想象不到的人。在智力上我对自己有足够的信心，但我一直不觉得自己在身体上是个强者。始料未及的从身体的弱者到强者的转变，胜过其他方面给予我的信心，让我明白什么才是真正的皆有可能，只要你敢去想象。

写到这里，我自己都觉得心潮澎湃，也相信多少能够打动你几分。请不要再犹豫，穿上你的跑鞋，跑动起来吧！100 米、500 米、1 000 米，都不重要，只要你能跑起来，就能够跑出一段一个人的坚持；能够跑出第一次，就能够跑出一辈子的快乐。

Vvivi 建议你：

（1）除了跑步之外，瑜伽、游泳、潜水、滑雪等，都是非常健康并且能锻炼意志的活动。挑选一项适合你的，把它变成一项长期爱好吧。

（2）好马配好鞍，时尚又舒适的运动装备往往能让你做运动的动力更足。如果你喜欢跑步，不妨找一家能按照你的脚型定制跑鞋的店，给自己定制一双专属于你的跑鞋。

（3）现在有很多可以记录每天运动量的 APP，你可以给自己制定一个运动量在前期每周递增、后期保持稳定的计划，用 APP 做记录并且经常截图上传朋友圈。坚持一段时间后，你会发现自己其实挺了不起的。

（4）三天打鱼两天晒网是不会有什么功效的，无论你的生活忙碌与否，无论你是不是经常出差，持续运动的习惯都得保持下来哦。

（5）报名参加一些运动比赛，比如国际性的马拉松或半程马拉松。它能让你在训练自己时更有动力和自豪感。

我的行动计划：

_____

_____

_____

_____

_____

我的行动记录：

_____

_____

_____

_____

_____

第八周

重回课堂:报名一个有趣的三个月短期课程

在读完 MBA 的若干年后，我又一次重返了课堂。那是一门三个月期的室内设计课程，每周两次，每次两个小时，12 周上完，干净利落。日常的面对面授课外，穿插着实地项目参观、建材供应商考察，最后的课程考试是完成一个自己的小型室内设计项目，十分实用。老师是一个来自纽约的设计师 M，在上海有着自己的设计公司，规模几十个人，在室内设计界已经小有名气。人长得帅、高且瘦，撩起袖子能看见精壮的手臂。戴着一副黑框眼镜，有着孩子般的笑容，常常几根卷发落在额头前。从公文包、尺、笔、文具的精致利落程度，到拿粉笔写板书的方式，能满足每一个女生对男老师的憧憬和幻想。难怪那么多节课，时值夏日，在一个极其本土破落的教室里，没有空调、冻饮，只有斑驳的木窗和绿色的吊扇，11 名外籍学生加上我，没有一个人缺席过一节课。我猜你能够想象，这 12

名学生恰巧都是女性。

　　每个人因为不同的原因到来。有的是刚刚随先生来到中国工作的太太，为了要装修设计自己在中国的第一套房子。有的是来到中国发展的设计师，有着设计功底，想要通过课程了解当地的实际操作经验，结识下业界人士。有的只是从事着不同的工作，却有着半个设计师的梦，想象着自己若是拿起纸笔和三角尺会是什么样子。而我，则是因为自己的公司刚刚接下了一些样板房的整体软装设计项目，必须前来补充下专业知识，以便能和设计师们顺利沟通。最有趣的是一名德国女性，她已经上了这个老师初、中、高级课程几遍了，还在坚持不懈地补充着自己的设计知识。据我所知，此课结束后，她还孜孜不倦地召集大家共同上 M 老师的下一个课程，足见是一个痴迷的 M 粉。

　　来之前，我颇有些怀疑的态度，想着三个月的课程如此轻松，能够教到什么样的程度，说不定还不如自己找些专业书籍来看进度更快、效率更高。可是三个月后，我大力推荐每一个想要学习生活工作新内容的朋友，去尝试一下重返课堂的滋味。因为课堂，除了内容本身，有更多的获得。

　　你获得了快乐。

　　学习一门新的科目，是需要一点让你坚持一段时间的支持力或毅力的,而任何涉及支持力和毅力的,貌似都是有着违背人性的小痛苦。刚入门的时候,一切都是新鲜的,你会为知道一些新的业内行话(Jargon)而沾沾自喜。可是时间久了,一来没有人和你交流用及这些行话,二来各色困难随着知晓的深入蜂拥而至,一下子迷失起来,学习的过程也容易变得痛苦,仿佛你必须头悬梁锥刺股才能踏着苦舟到达学海的彼岸。都好不容易毕业了,谁还想要那样?平面图纸上不同粗细的线条,内旋外旋的弧度,格纹或涂黑的方块,都有着不同意思,仿佛迷宫,感觉粗糙。这个时候,若有人和你一起解密,几个人组成一个小组,在香浓的咖啡中你说我笑地学习设计,说说巴洛克,讲讲哥特,分析交流入门前看着头晕的图纸,仿佛孩童时和玩伴一起游戏一般,过程会有趣得多,学得也会更快。关键是,你会因为与他人的交互,思维得以撞击,学习因为交流而变为一种享受。

你获得了精神。

老师M,这个课程虽然不是他的主业,只不过是应朋友之邀的一个副业兴趣而已,可是他的备课却认真无比。原本我以为M 40的年纪,设计经验十足,这几十个小时的课应该是信手拈来、张口即来的简单,一定足够把我们这些门外汉糊弄得一愣一愣的。却未料到瞥见他厚厚的备课笔记,整齐精致的课堂幻灯片,根据每节课后反馈及时的课时案例调整。即使是选定上海哪家酒店最值得我们去一探设计细节也花了很多功夫。跑过每一家酒店，仔细列出每一家在软装色彩、图案、曲线、用材、布局、做工上的好与坏，分析各自的特点，及其对课上所教概念的相关性和代表性。两个小时的实地课，为的是尽量节省学生的时间，尽量给予自己的所知。感动我的是他背后花费的心血。课堂如同舞台，亦如同人生，台上一分钟，台下十年功。越是知道得多，越是谦卑，越是不敢怠慢，越是认真。学无止境，专业源自深究，这是 M 老师于课程之外的精神传递。

你获得了榜样。

我的那些同学们，是整个路程中的榜样。之前和外国人民的交道，源于工作中的伙伴和商学院的同学。我一直不觉得这两群人是外国人民的典范，只能算是外国人民的精英，个个都是 A 型人群，典型的 high achiever 和完美主义者，绝对的小众人群。可是这次，这 11 个来自不同国家、不同背景、不同年龄的同学们，着实让我惊讶，惊讶于她们的认真和较真。没有一个人因为这是一门没有考试的课程而有半点松懈，她们在酷暑中来上每一节课，在烈日中走过每一个建筑，没有一句抱怨，全身心地沉浸在想要搞明白设计的使命中，虽然这个使命在宇宙看来微不足道。每个课都有半小时的最终项目进展分享和讨论，有位同学因为回国时间紧张，自觉分享的内容略粗糙，主动要求留待下一次补上高质量的内容。这种认真做事的态度，让我诧异外国同学们普遍性的较真。或许，这是一种互相影响和激励的榜样，让你前行，也带着别人前行。

你获得了信念。

12个星期之后，当我们每个人做自己项目最终交付演示的时候，专业程度令人惊讶。我想一开始我们都不会料到，短短的几十个小时之后，能有这样天南地北的设计想象和构思，能有这样精致干净的图纸，能有这样专业的解析和介绍。回想过去的时间，若没有这样一个以设计项目为目标的开始，我们未必能够学得那样专心致志、精力集中、火力全开。所有不以实际操作和效果为目的的学习都是耍流氓，或是奢侈品。时间有限，必须带着目标去学习，有了目标，你便有了信念。在每一次课堂问答，在每一次作品展示，在每一次小组讨论中，你都在积累着自己的信念，用学习成就自我的信念，是成功的自我实现，也是快乐的新鲜探索。这个信念，不仅仅是自己给予自己的，更是你的同学、你的老师给予你的。

所以，如今我常常建议朋友们去上一门短期课，怀念一下曾经做学生坐在教室里的滋味，向老师提问，和同学讨论，那是一种幸福的滋味。因为你再没有应试教育的痛苦，有的全是学习过程中的享受。提醒自己,学习是一辈子的事情,不用孤独,可以有爱;不用痛苦,可以快乐。快点去学些什么吧,一门语言,英语、德语、日语;一门手艺,插画、篆刻、雕塑;一门情趣,做菜、烘焙、茶艺;一门专业,金融、投资、建筑。你会发现,一堂课,一个老师,几个同学,打开了一扇窗,一扇通往青春年少各种可能的窗。

Vvivi 建议你：

（1）重回课堂可以从自学开始。兴趣是最好的老师，你可以找一门一直感兴趣的课程，买一些比较浅显易懂的专业书试着自学。厨艺、摄影、烘焙、哲学、心理学、投资、潜水、滑雪、天文学、地理，不一定只有和职业相关的课程才是值得学习的。

（2）如果你没有那么多时间报名一项短期的课程，可以多关注身边的讲座信息，或者到附近的大学里去蹭课也无妨。认认真真听一场优质讲座也能让你找回学生时代的感觉。

（3）现在有很多的视频公开课，比如 TED 演讲、网易公开课、HarvardX、CourseRA。这些课程内容包罗万象，讲解方式也是深入浅出的，是很好的学习资源。

（4）如果你报名参加了短期课程，那就在课堂上积极地展现自己，认真地完成每一次家庭作业或者课堂展示。

（5）找到兴趣相同的朋友一起去学一门新的课程、运动或手艺会更有乐趣，这样互相督促和交流也会让自己不容易放弃。

我的行动计划：

_____

_____

_____

_____

_____

_____

我的行动记录：

_____

_____

_____

_____

_____

_____

第九周

行者心情：一个下午带着相机走在
熟悉城市的陌生街头

　　"如果你时刻想要旅行去逃离现在的生活,不如想着创造一个你不想逃离的生活。"

　　我很爱旅行,尤其是刚毕业的时候,成为一名咨询顾问,虽然没有满世界飞,但总是在全国各地的城市间游走,从上海出发,到天安门的首都北京,到早茶美食的广州,到遍地是商业的香港。于是便养成了出行的习惯,仿佛每个周日晚上不往机场出发,便有些无所适从的样子。后来更是喜欢全球各地地行走,从读书到工作到自由行,把美国从东岸到西岸走了三四遍,去加拿大生活,从洛基山脉到法式风情的蒙特利尔,秘鲁的草泥马和马丘比丘,澳大利亚的黄金海岸和红土之岩石。

　　每一次的行走,都在不断的期待中策划安排行程,在出行的前几日兴奋不已,到出行前达到最高潮,之后便是随着行程的接近尾声,兴奋慢慢退潮,新鲜感被每日所积累的回甘所代替。行程回来的航班是最低潮的,尤其是第二天若不是假日,还得穿上套装蹬上高跟鞋回去熙熙攘攘的 CBD 上班。行程后的一个月,只能在忙碌的工作时间外,靠着写写游记、整理照片、分享心得,把旅行的快乐稍稍延续一段时间。接着,便是心里长草,开始翻看 *Lonely Planet* 的各国导游书,逛起了穷游、马蜂窝之类的旅游网站或博客。直到这草在心中长得茂盛异常,触动着每天的心头,让人忍无可忍地决定把它拔掉。

　　人生就在这样的周而复始中循环着,仿佛生活不是在旅行中,就是在期待着下一次旅行。平日的生活不是在期待中,便是在回味中,总是不如旅行中那样让人兴奋、放松和快乐。生活本身,相比旅行,总是有些无趣。可是,我们大多数的人,百分之八九十的时间都是在生活,而不是在旅行。难道,只有辞职成为一个专门的行者,辗转在各地,否则就无法在生活中满足快乐吗? 直到有一天,我坐在巴黎街头的咖啡馆,看着行人熙熙攘攘,心里羡慕着这个城市的人和这个城市完美的生活,想象着自己成为这个陌生城市一员的样子,却在这些往来行走习惯被人羡慕的巴黎人眼中读到了艳羡的眼神。

　　我突然意识到,只有当下的自己,才会觉得这个城市最完美,而不是成为这个城市中的任何一个其他人。正因为我在旅行，正因为我不属于这个城市，正因为我在这里没有生活，所以，我看这个城市才是最美、最闲适、最安逸、最没有负担。成为这个城市中的任何一个人，我便立刻和在上海一样，活在了一个小世界中，困于自己每天的生活。急着从某一个地方赶往另一个地方，期盼着爱人与被爱，想要下一瓶香水和拥有更大的房子，有着想要成就的野心和焦虑感。

在这个城市里，我是一个局外人。我把我的小世界和其中的种种过去与将来，留在了上海。和我一起来到巴黎的，只是当下。

是，我们通常是如此之爱旅行，不只是因为旅行的美景和美食，不只是因为旅行的发现和未知，更因为，旅行不用工作，旅行不用准备一日三餐，旅行不用担心房贷和车险，旅行没有责任要求和被要求。这些生活中林林总总的小负重，加在一起，让我们对生活有了烦躁。我们在自己的城市，缺少的是行者的心境和心态。不是这个城市没有我们想要的生活，让我们拼命地想要逃离，只是我们在这个城市的心情模式，不是一个行者和探索者，而仅仅是一个住者和生活者。

前者，我们会有着完全新鲜的眼光，走在路上，眼神四处游走和发现，看这个城市的人都长得什么样子，穿什么衣服，有着什么样的表情；看这个城市的建筑都有多高多怪，大理石的外墙还是玻璃墙面，直线的还是曲线的；看这个城市的咖啡馆有那么多，大街小巷都是悠闲地喝着咖啡的人，不用上班没有忧虑，都是爽朗地笑着聊着，忘记了时间；看这个城市的天有多蓝，云有多白，风有多轻，水有多绿，有鸟飞过，有蜻蜓低回，会突然地下起雨来，转眼却又停了。一切的一切，是多么的新鲜多么的有趣。相比之下，我们城市似乎是那样的无趣。

其实你的城市，在外来者的眼中也是一样的有趣，城市的人、建筑和咖啡馆，城市周边的山、水和蓝天，差别都不会太大。不同的，只是你的心情和思绪。在自己的城市，我们其实生活在自己脑海里的城市，上班报告交税吃午饭。我们关闭了自己的眼睛，看到的只是路上要绕开的建筑物，看到的只是要带伞的雨天，看到的只是占据了自我空间的同城人。我们下意识地拒绝了打开双眼去发现，亦无法打开了心肺去呼吸，更无法放飞了心情去感受。生活在上海，我们或许会赞叹某家新开的店，或许会期许某家餐厅的美食，却不一定看到这个城市的美和天空的蓝。太纠结于生活的过去和外来，我们忘记去感受生活在其中的幸福。就像巴黎人一样，每个城市里的人一样。

旅行，不一定是位置的移动，却是心情和思维的变化。我们对城市的美感，在于和这个城市的心理距离。英文中有一个单词 detached，便是形容一种状态，用第三人称的方式仿佛脱离自己般地看事、看自己、看生活。这样的你便多了一分客观，少了一分忧虑；多了一分轻松，少了一分计较。Detached，其实是让你暂时跳出自己的小世界，做一个生活的局外人。

　　你对城市的印象其实都存在于心里，每个城市并无美丑，亦没有个性。只有放空了一切，做个城市的旅行者，抛弃自己的小世界，才能拥有你最爱的城市，无论在哪里。所以，在某个周日的下午，当这个城市有蓝天的时候，带上几十块钱，和你的相机，行走在这个城市吧。忘记你从哪里来，要去哪里，放空思绪，做一个行者，去用双眼真正地"看到"这个城市的每一景，用双脚真正地"走到"这个城市的每一处，用心真正地"体验到"这个城市的生活，而不是仅仅活着。去历练自己的收放自如，如此，你便能随时创造一个你不想逃离的生活，时刻都能旅行，未必需要出行太远。

Vvivi 建议你：

（1）上一些文艺青年们聚集的旅行网站，搜索你所在城市的旅行札记。你会发现，原来你认为平淡无奇的街道或者景点，也有很多有意思的地方。选择其中一个地点出发吧。

（2）买一部拍立得，或者下载几款滤镜功能不错的照相软件，到你选定的地点走走拍拍。开始走动的时候避免带很多现金，以免最终变成逛街购物之旅了。行走和观察是主题。

（3）在上传照片到社交媒体时，尝试写下今天的心情，每张照片给你带来的联想，期待下一站要探索什么地点。你的朋友们的评论说不定会给你许多新的欣喜和想法。

（4）如果有外地或外国的朋友来到当地，自告奋勇地当他们的向导吧，这样你在准备知识成为他们"导游"的同时，往往会发现这个城市不一样的美。

我的行动计划：

_____

_____

_____

_____

_____

_____

我的行动记录：

_____

_____

_____

_____

_____

_____

第十周

沉淀的奢侈：用一整天的时间
沉浸在读书的流意识中

　　暴雨台风来袭的香港,艳阳高照的天津,闷热潮湿的苏州,火辣辣的成都,绿色宜人的深圳,秋高气爽的北京,一个月内在六个城市辗转了一圈,终于回到了九月的上海家中。这个周末,坐在沙发上,总觉得有着短暂漂泊后不可避免的心浮气躁。拿起手机和iPad,切换着未接来电、邮件、短信和微信,整个人还在多进程并行的模式中,忙碌的指尖,繁乱的思绪,焦躁的心情。到了家,却静不下来。

　　我想还是看一会儿书吧。手头上的存货早已被消灭殆尽,于是在微信上发了一条记录:"大家来推荐下近期在读的好书吧。越多样化越好。"短短的几分钟,我便收到了几十本书的推荐。从西蒙·蒙蒂菲奥里(Simon Sebag Montefiore)的《耶路撒冷三千年》(*Jerusalem：The Biography*),到土家野夫的《乡关何处》;从韩国女总统的自述《我是朴槿惠》，到罗斯·特里尔（Ross Terrill）的《毛泽东传》（*Mao：A Biography*）；从互联网界风行的凯文·凯利（Kevin Kelly）的《失控：全人类的最终命运和结局》（*Out of Control*），到伊坂幸太郎（Isaka Kotaro）讲求爱与坚持的《一首朋克救地球》；从尼尔·盖曼（Neil Gaiman）的科幻小说《蜘蛛男孩》（*Anansi Boys*），到博源基金会的"国际金融与经济系列"，等等等等。我的书单一下子又满了，而且，果然足够多样化，范围类别跨度远远超过了我自己会去找寻的书籍类型。

可是，也有不少朋友留言，留下的不是书籍的名称，却是一些遗憾和惭愧。原因各式各样，有的是"最近忙得不成人样，照镜子看自己都没时间，别提看书了"，有的是"不读闲书很多年"，有的是"看微博微信就太多信息量了，读书的时间被彻底占用"，还有的则是"漫画书可以吗？"一些人甚至连理由都没有，只是一句"惭愧，最近没读书"或一个叹字"哎"。但无论句子的长短，理由的多少，字里行间都有着一丝对自己的歉意。什么时候，读书变成了一个奢侈的概念？

这个奢侈，不再是书的本身。若是小时候，还有可能为一本中意的书掂量着口袋里的零用钱，纠结着是买下这本书，还是省下钱来买块橡皮买支笔，或是买得一个星期的七根雪糕。放在今日，怕是朋友中的某些人买下整个书店都是可以的吧，更别提网络上铺天盖地随手可得的免费分享的盗版书了。书本身早已不再奢侈了，奢侈的却是读书的时间，更是读书的心情。

我们的生活节奏越来越快，工作不再是八个小时。无论八小时以内还是以外，我们的手机永远开机，我们的邮件时刻推送，我们的交流从面对面的办公室，到不受地域限制的电话会议和视频会议，如今连社交化的微信也被工作所侵蚀，客户、供应商、合作方、社会团体在微信上建起各色各样的群聊工作小组，俨然是一场攻坚战，直捣除了睡眠8小时以外的16小时，以爬山虎的方式不知不觉地蔓延渗透到生活的每个层面每个时段。

我们的时间也因此被逐步地碎片化，各方各面都像吸血鬼一样，渴望着吸干我们有限的碎片化时间。分众传媒的楼宇广告，触动传媒的出租车广告，郁金香传媒的室外广告，德高传媒的机场广告，各式各样的媒体都虎视眈眈地观察着我们，不让我们有一分钟的喘息，希望抓住我们在这一瞬间的眼球，并把它转换为眼球经济。哦，我还忘记了如今移动互联的风生水起，微博的140个字，微信的 Moments 和新出的游戏，优酷、土豆上远超电视电台的视频量，多少辈子都看不完，读不完，玩不完。

天，写到这里，我都感觉精神要分裂了，一种焦躁不安蠢蠢欲动的气息从脚底开始浮现。双脚开始抖动，手指开始要点击些什么，耳朵要听到些什么，眼睛要捕捉些什么，嘴里要表达些什么。我的大脑，成为仆人，反应着外界需要我反应的一切，高速地运转着，却被动，并碎片化。我想写什么来着？差点都不记得了。

在这个被动和碎片化的世界里，你哪里还有时间读书？不要轻言说待在家里闭门修行静心而坐读上一天的书，恐怕拿起一本书安安心心翻上几页读上半个小时的可能都没有。读书，要时间，要整块的时间，要整块专注的时间，要静心静神整块专注的时间。难怪，在什么物质都丰富都能被复制再造，唯独时间不够丰富不可再生的快节奏时代里，我们差一点都忘记了读书这件事。于是，它成为人生的一种奢侈，遥不可及得仿佛是上个年代的古老休闲活动。

一本好书，是一种智慧、知识和心灵的沉淀。而读一本好书，是和作者跨越时空的一次神交，仿佛一场冗长却精彩的对话，没有一丝废话，只剩精华。好比渴望在这个快时代里，能够和三五朋友小聚，没有时间概念的天南地北地叙一叙旧，聊一聊时事，讲一讲心得。我们一样渴望在这个快时代里，能够忘记切割和吞噬我们时间和人生的各色外界的需求，拒绝那些被转了 3 500 次的捷径秘诀，1 张图看懂的理论知识，140 个字的心灵鸡汤，我们渴望再一次静下心来，倾听自己的需求，读一本好书，长一分智慧，多一寸知识，养一亩心田。

与其对那些奢侈品店的手包、腕表和香氛念念不忘，用每分每秒的时间让自己进化成一个赚钱机器，好把赚到的每一分钱用于消费推动 GDP，满足日益增长的虚荣，填满日渐空虚的心灵，不如，给自己一次真正的奢侈，放空一整天的时间，什么也不干，只是泡一壶好茶，坐在窗明几净的家里或咖啡厅，或是公园河岸边的长凳上，捧一本好书，忘记时间，静静心心，安安宁宁，不慌不忙，不紧不慢，一字一句，一页一扉，让眼神划过字里行间，让思绪随着文字游走，让大脑在清空杂乱后沉淀，让心情在忘记琐碎后平静。

让读书成为一种习惯，让自己回归本我，让生活沉淀安宁，才是给你我最好的礼物和奢侈。

Vvivi 建议你：

(1) 整理你的书架，把买了很久却还没开始读的书找出来，或者去书店逛逛，搜罗自己喜欢的书，列一个阅读清单，定一个读书计划，告诉自己多久的时间内一定得把它们看完。

(2) 试着睡前关掉无线网络，不再让自己沉湎于刷微博或者微信，而是坚持读阅读计划上的书。每天起床之后，也不要忙着拿手机。你可以回想一下昨天晚上睡前读了些什么，自己有什么感触。要尽可能多地让自己回想起读过的东西。

(3) 每读完一本书，立即在社交媒体上分享你的读书心得，可长可短，可精可简，有交流和互动的读书才是有趣和记忆深刻的。

(4) 每次和朋友聚会，先问问大家都在读些什么书，并且尝试分享自己的阅读心得和理解。或者试着加入一个读书会，跟上他们的阅读步伐，让读书成为生活的习惯。

我的行动计划：

_____

_____

_____

_____

_____

_____

我的行动记录：

_____

_____

_____

_____

_____

_____

第十一周

生活的勇气:今天 11 点睡明天 5 点起无争议

　　这篇文章写给夜猫子的你我。

　　昨天晚上和高中前后桌的 3 位好朋友一起小聚，选在了桃江路的品川。定位在 7 点，可是晚到是必须的，这是社交的习惯，属于时尚范儿必备，所以才叫作 fashionably late。在 7 点半，3 位都入席了，一阵插科打诨嬉笑寒暄之后点菜开吃，因为我们深知第四位的习性，不晚到一个小时是不可能的。终于第四位美女在 8 点半姗姗来迟，如同白雪公主后妈般的高贵冷艳的装扮外表下，她有着一颗尽职的心。该美女住在黄浦江的东侧，而上班却在黄浦江转了个弯去了闵行后的西侧，每天上下班耗在路上的时间长达单程一个半小时，可是她对着公司和老板还有着无比的忠诚度，对另一位猎头美女给她介绍的各色离家近一个小时的职位 offer 毫不动心。

　　就着这时间的话题，我们讨论起了作息。无论是朝九晚五的官方作息，还是允许自定义上班时间的宽松环境，从餐桌上的 4 个数据点，外加延伸出去朋友圈的信息，差不多现代职场人士到家怎么也得 7 点半了，要加班的，要错开公共交通高峰的，要绕去浦东避开内环拥堵的。回到家吃过饭稍作休息，已经 9 点了。有孩子的陪孩子玩上一会，要加班的还得继续打开电脑，若是难得无所事事也总有点家长里短各色琐事等候处理。稍不留神一看表，竟然已经 10 点了。以最快的速度洗漱过后，又到了近 11 点了。难怪，11 点是微信朋友圈上刷屏最厉害的时段，因为只有这个时点，我们才真正开始有了属于自己的时间。

　　难怪我们没有时间读书读报，甚至读杂志，11 点到午夜，才 60 分钟的自我时间，但是浏览一遍朋友圈发生的各类事件，读过微信上的各色留言和笑话，批阅公众账号或朋友转发的各色行业分析娱乐政治八卦和心灵鸡汤。如同皇上批折子一样，每个折子虽然不长，但量却不少。这一个小时在微信、微博、网络、邮件和偶尔的游戏中，从指尖穿过 pad，不知不觉地流逝了过去。

　　所以当某位美女说自己每天 11 点睡时，其他三位的下巴都要掉下来了。我们给她算了算时间的账，觉得怎么也是一个自律的标杆模范的时间表。很少微信，拒绝淘宝，屏蔽电视，陪陪孩子和老公说说话就结束这样的一天，在我们看来不可思议。怎么可能？仿佛没有那点自我的时间，一天都如同没有活过。对比我们的时间，午夜 12 点属于准点早睡的范畴，凌晨两三点则是家常便饭。虽然也知道 10 点开始肝要排毒，明天早上 7 点还要早起，可情感绕不过理智，大脑说服不了情绪，就希望今天不要结束，还能再多 1 分钟，打一盘飞机大战；还能再多 10 分钟，看完这篇文章；若是再多 30 分钟，打开一本尘封已久的书，或是看一集美剧，那便是今天的小幸福。

有这么一句话，读完很让人触动。

熬夜，是没有勇气结束这一天。赖床，是没有勇气开始这一天。

其实，我们完全可以换一种生活方式。晚 10 点睡觉，早 6 点起床。可以日落而息，日出而作。算来，8 个小时的睡眠丝毫不少，你拥有的自我时间一样不变，可为什么我们就不能选择早睡早起，做到会如此的困难？即使很多自律甚严的人，无论是星座理论的摩羯座，还是血型解说的 A 型血，即使在工作中生活上雷厉风行说到做到当断即断，在早睡早起这件事上，却总是触到了软肋。原来如此，我们每个人都恐惧着一天最美妙的自我时间的结束，都恐惧着明天又是一天卖命奔波的开始。

　　互联网上公布了一张图例，很多市值上百亿美金企业的老板，都是在早上 4 到 5 点间起床的。比如，苹果的创始人史蒂夫·乔布斯 4 点起床；苹果的 CEO 库克 4 点半起床开始处理公司邮件，5 点开始锻炼；迪士尼的 CEO 鲍勃·伊格尔 5 点半起床开始看报、锻炼、查邮件；通用电气的 CEO 杰夫·伊梅尔特 5 点半起床，边有氧锻炼边看 CNBC 早新闻。看过这张图例，许多朋友戏称仕途有限了，因为自己的人生绝不可能在 4 点开始。也有雄心勃勃的朋友立志现在做不成 CEO，先从 CEO 的行为开始要求自己——If you want to be a CEO, act like one now! 至于他们坚持了多久，能否坚持到成为百亿美金市值的老板那一天，不得而知。但从微信的状态来看，发微信的时点午夜居多，凌晨寥寥。

　　不过，除了早睡关乎肝脏排毒等健康问题之外，早睡早起的确有它的精妙之处。日本的"早起心身医学研究所"认为，早睡早起与人的身体健康和工作效率有绝对的关系。研究所定义了一种"晨型人"概念，专指那些坚持早晨四五点钟就起床的人。研究表明，由于 5 点是一天中头脑最清醒的时间，如果是 5 点起床，在睡眠效率最佳的情况下，6 小时睡眠时间就可以消除疲劳。所以，坚持"晨型人"的生活状态，不但有助于排除心理上的不安和忧虑，在外界环境不断变化的情况下保持良好的身心状态，还比那些 12 点睡

8 点起的人一天多出了 2 个小时。

如果一天能够平白无故地多出 2 个小时还不能平复你的纠结，那让我告诉你，由胡润研究院发表的《中国千万富豪品牌倾向报告》访问了 551 名个人净资产超过 1 000 万元的富豪，结果显示：这些富豪平均工作日睡眠 6.6 个小时，周末睡眠 7.2 个小时，3 成亿万富豪工作日睡眠不足 6 个小时。如果以 6.6 个小时计算，这些富豪比一般中国民众平均 8.4 个小时的睡眠时间少近 2 个小时。

给自己勇气和动力吧，结束今天，早睡，是为了更好地开始明天，晨起！

Vvivi 建议你：

（1）下载一些"打卡"类的 APP，让它每天定时提醒你早睡早起，并且大方地把你的打卡成果分享到社交媒体上，让好朋友们来监督你的作息吧。

（2）给自己一些小"惩罚"，例如今天晚睡一个小时，明天需要早睡 30 分钟。仔细想想，这在时间奢侈的今天，其实是一种享受才对。

（3）把手机或者闹钟放得尽量离自己远一些，这样你就不得不马上起床才能关掉它啦。网上还有卖一种会逃跑的闹钟，时间一到闹钟就满屋子滚来滚去，你不想起床都困难。

（4）给自己准备好早上美味的早餐，把平常觉得卡路里太高、让你心有余悸的蛋糕甜品之类放在早上吃。这样不但可以避免在下午和晚上进食太多甜品，还能让自己每天都期待睡觉和醒来。

（5）养成一些"晨型人"的小习惯，比如给家人做一份美味的早餐，每天晨读或者晨跑。一清早的效率会让你一天的工作都充满效率，并且充满自信和好心情。

我的行动计划：

_____

_____

_____

_____

_____

_____

我的行动记录：

_____

_____

_____

_____

_____

_____

第十二周

捍卫自我：说出你不敢说出的"不"

周日下午的时光，终于有一刻停息。我刚把一个报告发给客户，完成了作为顾问在 8 小时收费时间之外默认的增值加班时光。时针指向 4 点半，我走到附近的星巴克，点了一杯摩卡星冰乐和一杯白茶，找了一个靠窗的位子，有斜照的阳光照射进来，温暖中把一切都涂上了一层金黄色泽。我打开 iPad 上的豆瓣阅读，点开这周在看却进度缓慢的《那些一炮走红的国家》，开始进入状态，准备享受这一切都完美的几个小时……

此刻，我的手机响了。我的上帝客户来电了。

一秒钟犹豫之后，我按下了接通通话的按钮，手机中传来对方的声音："胡总啊，不好意思啊，周末打电话给你呀。文件我们收到了也看过了，很感谢啊。就是，那个，能否再给我们一些额外的信息啊？（此处省略 150 字）"

　　我在脑海里搜索了一遍合同上的 scope，没有找到和这些内容半点相关的关键字，一秒钟犹豫了之后，我一口答应下来。满足客户需求是我们最大的荣誉。若是以 scope 作为一切工作的判别，那我们就不是身处服务业了。

　　"哦，好啊。"

　　"太好了！那能否今天就发给我们看看啊？"

　　"今天？很着急吗？明天有会议吗？"

　　"也不是啦。想早点看看。"

　　"哦，那周一工作时间我来安排下吧。"

　　"哦，不能今天吗？时间也还早。"

　　"不。不好意思，今天周末同事们都需要修整。周一工作时间安排后给你。"

　　"哦，那好。辛苦，周末愉快！"

　　这样的对话，用通俗的话来讲，讨价还价，每个人每天都会遇到很多遍。尤其是身处服务业的人士，客户为王，算是衣食父母，理应得到我们 100％ 的溺爱，满足他们的一切需求和希望。这也是为什么，无论是 consulting，auditing，law firm 还是 investment banking，默认的工作时间都是每周 80 个小时，甚至 100 个小时。若是你选择了这样的职业，请你不必抱怨，这是一种行规和生活状态。所以，外行的人常常羡慕这些职业的收入很高，可是内行人才明白，按小时计算，其实属于辛苦的血汗收入。每天 12 点钟到家或到酒店，已经属于一个好日子了。一切都是以牺牲生活、折旧健康、透支未来为代价，换取高收入、地标写字楼、五星级酒店、商务舱的美好外表。若是自己开服务类公司的老板，则更是赚的辛苦钱，养着团队，陪着客户，算着成本，风险自担。

当客户一个又一个的要求过来的时候，怎么可能说"不"，怎么敢说"不"呢？你担心客户不高兴了，向你的老板抱怨，影响你今年的绩效评分奖金升职，或者克扣你的应付账款，拖着尾款迟迟不给。这就是甲方和乙方的差别，给钱的和要钱的优劣势的差别，无论乙方的服务价值多么地超越预期和要价，最终还是要甲方来评判。而服务评判的标准，通常没有定量的硬性指标，绝大部分依托于乙方定性的感受和评价。看着客户脸色，绝对是服务业人士必会的一门技能。

做乙方那么多年，我发现乙方的人士，比如顾问们，在吃饭点餐时通常都非常的挑剔和强势，对服务员的态度、菜品的水准都特别的敏感，也特别喜欢抱怨、维权，找当班经理来聆讯，甚至要求打折。无论来自北方、南方、内地、香港，都是如此。为什么？倒不是天性如此，计较在乎吃了点小亏或开心得了点便宜。我们总结分析下来，主要是因为终于自己也得闲做上甲方了，怎么也得好好感受一下甲方虐乙方的快感。

其实，若你不是专业人士，无所谓甲方乙方之分。只要你有老板，也会有这样的感受。无论什么时点，老板给你一个工作要你加班加点地完成，你怎么可能说"不"，怎么敢说"不"呢？若是技术和能力特别牛逼的人士，还可能讨价还价一番，但大部分情况下，没有人愿意把自己年底的奖金孤注一掷。

我认同专业度的必要性。当交付品有时间的紧迫性，必须在一个时点交付给客户，或者必须在一个会议前有所准备时，这是工作态度的表现和专业的职业道德。即使再晚再累，在能力和体力范围内，作为专业人士，一定毫无抱怨，必须兢兢业业、鞠躬尽瘁，当然死而后已还不至于。然而，当客户或老板得寸进尺，把我们7×24小时的待机时间作为默认，毫不愧疚并 take it for granted 的时候，我们是不是应该学会说"不"？我们是不是应该捍卫自我，学会并能够保卫自己的底线？

我记得在某府某个项目上，午夜12点老板电话我，问我能不能改一个文件。我想了想，明天上班时间改没有任何影响，于是我说："今天我要睡觉了，明天一早吧。"

老板估计很少听到"不"，显然没反应过来，停顿了一下问："你是不是怀孕了?"

我略感惊讶问:"为什么?"

老板认真地说:"好像怀孕的人通常需要早睡,我妹妹当时就是这样的。"

我笑着说:"没怀孕的人 12 点也需要睡觉的。前几天加班到凌晨,太累了。"

其实某府的老板也并不是不讲理的人,只是加班和 24 小时待机已经成为了默认的文化,在正常时间休息或沟通改变老板的要求已经不在大家的思维中了。若是晓之以理,并在其他时间确保工作的质量,大部分老板是能够接受这种合理反馈的,未必会影响对你的印象分。这位老板,项目结束后给了我很高的评价,至今还是我的好朋友。后来我们也常常笑着聊起当时的这个对话。

更多的是,我当时压根儿已经无法考虑说个"不"字对我加薪升职的影响了,因为身体的透支让我觉得这样的要求超越了我的底线。赚钱加薪升职,只是生活的一部分,但绝对不是全部。健康休息和自我,也是生活的一部分,而且相当重要。所以,了解你的底线在哪里,你的原则是什么,这样,你才能在客户或老板的要求超出你的底线时,作出判断和抉择,不至于让不必要的要求侵蚀生活的全部，让人生变得悲惨、痛苦和被动。

也许你会问，如果合理地拒绝，和老板和客户沟通后对方还是耿耿于怀、心存芥蒂怎么办？我也问过自己这个问题。我想，不懂得体恤下属的老板，或是不懂得尊重服务商的客户，不值得追随，亦不值得服务。懂得放弃，才能找到适合的，只有适合的，才是稳定的、快乐的、长久的。与其纠结于痛苦之中，不如把精力放在寻找合适的之上。

当然，生活中太多的事情，我们都要学会捍卫自我，学会说"不"，在职场，在商场，亦在情场。

Vvivi 建议你：

（1）捍卫自我从约束自我做起，如果不是万分紧急的事情，记得不要在非工作时间向你的工作伙伴施压。

（2）尽量提高自己在工作时间的效率，把自己的任务井井有条地按时完成，让别人找不到"骚扰"你的理由。

（3）梳理自己近来的压力来源和手头的工作，如果发现老板或服务对象占用了你过多的休息时间，记得坦诚而柔和地说明情况。

（4）学着用运动或者 SPA 的方式，松弛紧张了一天的神经和肌肉。周末不要宅在家里，试着到郊区去踏青或者看一场展览，让身心真正放松下来。有时候人觉得疲劳，只是因为从事同一类型的事太久了，工作之余虽然累，但停止脑力劳动，去运动一下反而会让你更轻松。

我的行动计划：

我的行动记录：

第十三周

发现佛性:泡一壶茶在窗边静坐 30 分钟的禅意

中秋节的假期,终于从一周五个城市的节奏中停顿下来,我无比期望能够在自家的亚麻床单上睡到自然醒,能够在楼下的树荫底下跑上 20 圈,能够坐在我独享宽敞的胡桃木桌前码字写文章,能够煮开水放麻油凉拌菜外加一杯番茄汁。最最关键的,我能在早晨的上海,比平日少了一大半车水马龙的宁静中,开窗泡茶,静坐 30 分钟的禅意,什么也不想,什么也不做,放空,寻找佛性。

我相信每个人都对宗教有着好奇与向往,尤其在中国,这个号称佛教大国却严重缺失信仰的国度。人类天性有着无穷的欲望,而欲望在彼此的比较中愈生愈烈,直到从一棵小草生长为一棵大树,生命力无比强大,被商业社会滋养浸润,在你的心口从痕痒的红点发展为疼痛的伤口。这便是所谓人类恒久的苦难,所以才有宗教的诞生来普度和拯救众生。女性论坛里,常把喜欢一件物品喻为"长草"，把最终买下了那个物件喻为"拔草"，形象至极。只不过，消费替代了宗教，成为普罗大众得以平静并得到快乐的罂粟。虽然有效，但上瘾还必须得放大剂量。

新兴国家列队里的中国，更是每天都有高楼拔起，每天都有亿万富翁诞生，每时每刻都有各种媒体轰炸着我们的眼球，说着你不够完美成功所以必须买买买。不是说远大可建的新技术让长沙20天就可以建起一座比迪拜塔更高的世界第一高楼吗？不是福布斯每年都要更新的年度财富名单如今在互联网时代已经速度过慢了吗？不是才没几年风靡一时的分众传媒已经成为纳斯达克的落寞概念，退市让位给移动终端的眼球经济了吗？创业板的诞生让所有有着抱负的年轻人找到了一条三年上市、五年套现、七年海外移民、住进贝弗利山庄、买下希腊岛屿的快速致富的道路。只是这样的速度，在渴求财富和欲望迭代的时代里，还远不够快速。所以才有楼房的坍塌，财务的造假，学历的捏造，我们期望着更快更短的捷径。

在北京，有一位20出头的年轻小伙，在众人饭后欣然主动要求陪我去琉璃厂添置些文房四宝。小伙高高帅帅，看着挺阳光外向，才大学毕业就进了某中国大型垄断企业做了总裁助理。若没有一点背景和几分能力，这在皇城根儿下绝对是一个奇迹了。我想象着这样的男生，一定是心安快乐，有着无穷的动力，对未来美好的憧憬，还有对爱情浪漫的渴望吧。未料琉璃厂还没到，我已经感受到他阳光外表下排山倒海般的忧虑和压力。他说：哎，V姐，我好有紧迫感啊。我说：是吗？紧迫感可是个好事儿。他说：我天天睡不好觉，想着怎么才能出人头地。我刚想说：至于吗，你才20出头，已经有了个好的起点，好好努力一定能够成功的。话还没出口，他叹了口气说：你看，我已经20出头了，却还只是个助理，Google的创始人Larry Page和Sergey Brin在24岁就合伙创立了搜索公司，Mark Zuckerberg大学没毕业就创立了Facebook，邵亦波26岁创立了易趣网，30岁前卖给了eBay成功套现转型成为投资人。若我要在30岁扬名立万，现在怎么能看不见一点儿曙光呢，我这人生看着有点儿悲催啊。

话到嘴边，一下子溜了回去。仿佛尚未扬名立万的我，实在是不适合给他任何建议。倒不是年轻人不应该有这样的梦想和希冀，但实在不应该用年龄的标杆给自己套上一副枷锁，与其每天看着时间焦虑年华，不如去拥抱当下，看看自己能做些什么。成功这件事，首先在不同价值观里定义不同，其次，若是涉及万众瞩目的大成功，更是天时地利人和，缺一不可，又岂是单单焦虑担心便可有解决方案的？除了自扰平生痛苦之外，对于走向想要的目标和获得的成功，并无益处。

诸多宗教中，能够打动我的便是佛教。佛法说，诸行无常，诸漏皆苦，诸法无我，涅槃寂静。简单说来，便是告诉我们不要纠结于这个世界事物的变化，坦然接受任何与自己期待不符的结果，知晓一切欲求及其产生的情绪都是痛苦的，执着于自我的判断和理解会看不见真实的世界，若是能够达成万物皆空的境界，便可以破除自身的局限，最终寂静安然，证悟成佛。佛性，是成佛的性能，亦是一切众生皆有的可能性。若你我，能够做好自己能做的，坦然接受结果，便能避开情绪带给自己的困扰，从而修得自己的佛性。

我曾问大师，若是无欲无求，普罗大众岂不是都出家去了？那谁来种地？谁来浇水？谁来建起房屋遮漏避阳？谁又来带动生产力，发展经济，改善大家的生活？若是无欲无求，我们怕是还生活在原始社会，住着茅草屋，饮着晨露水，烽火传讯，鸽子做媒。一系列问题的轰炸中，大师脸上有不可说的表情。思量片刻，他用我的境界能听懂的话说道：不是不做，是不期待。大师一句话，我想了很久才明白，这差不多是"谋事在人，成事在天"的通俗境界吧。

找寻佛性，未必是苦行僧般的严格戒律、一切皆空。修炼自我，也未必是要放弃一切，追求出家，敲着木鱼撞着钟。像这样，当你每日心有波澜，因为工作生活的各种得失而觉得纠结困扰时，你能够泡上一壶茶,打开窗,静静地坐上半个小时,或是回想佛法的四法印,或是告诉自己成事在天,或是平复以自我为中心的所有期待和欲求,这便是修炼我们的佛性了。30 分钟后,若能有波澜平复后的宁静,若能有纠结打开的顺畅,你我便可以继续前行,向着自己的目标安静平和积极地前行。这样,一路上,我们看得见风景,听得见鸟语,不再活在自己困扰的内心世界里,能走得更远,也能走得更快乐。

不要吝啬这 30 分钟给自己的时光,或许你的佛性,就在一尺之遥。只要一杯茶,一扇窗,一点时间,一刻耐性,便能得悟。

Vvivi 建议你：

（1）试着读一点各种各样关于宗教、哲学的书籍，无论是圣经、佛经、古兰经都可以。试着用放松和开放的心态去了解它们，不一定要信仰，但可以在知晓故事的同时，给自己的人生带来一些启迪。

（2）参观一下你所在城市的博物馆、美术馆、艺术馆，在参观的前后去网上搜索一下那些展品的背景、历史和故事，看看你对历史、文物、艺术是不是有了新的看法和理解。试着理解那些作品所传递的含义，看看自己了解得越多是不是兴趣越大；知晓的知识、历史和信息越多，心情是不是越平和。

（3）如果可以，每周定点花上两三个小时，关掉手机，泡一壶茶，坐在窗边，关注自己的呼吸，给自己放松的时间。如果生活中的各种问题纷纷涌入你的大脑，也尝试让它如流水般地过去。

（4）记录和分享自己的每周心情，尤其是那些放松有禅意的状态，看看如果常常在生活中培养这样的意识，是不是越来越开心平和。

我的行动计划：

_____

_____

_____

_____

_____

_____

我的行动记录：

_____

_____

_____

_____

_____

_____

第十四周

寻找真实：和年少时的朋友一起喝一次下午茶

听谁的歌，往往透露着你的年龄。

可还是忍不住用张卫健《你爱我像谁》里的歌词作为开篇。

其实你爱我像谁

扮演什么角色我都会

快不快乐我无所谓

为了你开心我忘记了累不累

若是在爱情中我们可以变换扮演的角色，我们在生活中又扮演了几个角色？女儿、孙子、太太、老爸、老板、顾问、朋友、敌人、同学、讲师、志愿者、投资人、创业者、驴友……太多的角色只怕数都数不过来。

刚出生时，每个人的角色都是如此单一，社会关系如此简约，我们都只是我们父母的孩子，用最真实的自己喧闹在这个世界。可是慢慢地，随着日子飘过，年龄愈长，我们的身份越来越多，主动和被动的角色以时分秒的速度增加变换着。过年时遇见了远亲，突然你按辈分又变成了比你年纪还大的某个长者的舅舅。去了幼儿园、小学，你又变成了数学老师的学生，语文老师的课代表，谁谁谁的同桌，某某某的死党。上了中学、大学，你或许又成为他他他的女朋友，她她她的闺蜜，某教授的助教，某学生会的文艺委员。再后来，你都数不清楚自己有多少个头衔，扮演着哪些角色：孩子的母亲，实验室的研究员，科室的科长，某企业的老板，某协会的副会长，某俱乐部的成员……你忙着生活都来不及，怎么可能去计较有多少个角色？只顾着在每一分钟换上另一个头衔，应对着生活和工作对你的要求，变换着角色，变换着舞台。

变换中，你忙着应对每一场对手戏，你是否还记得自己是谁？你在担心顾及着对手的喜好的时候，你是否还记得自己有什么爱好？你在拼命扮演着角色完成别人搭台的一出戏时，你是否还记得自己想要追逐什么样的梦想？只怕，我们不仅不再计较自己在生活中扮演了几个角色，甚至连自己在扮演什么角色都已经忘记了。只是目不暇接地应付着生活，顾此失彼地期许一个空闲的舞台,让你喘息一会儿。

我特别喜欢和年少时的好朋友见面喝茶,不知道为何总觉得特别轻松自在。不管他们现在的状态、职业境况如何,每次见面,都能让人卸下一大堆包袱,变回当时我们相识的那个年纪。若我们是在幼儿园时一个楼房里玩过捉迷藏打过架的好朋友,仿佛我们又回到了那个不谙世事的年代,从隔壁阿婆的猫,到楼下小四的脚踏车,只是说笑着最简单的快乐。若我们是在同一个中学读过书的同窗好友,仿佛我们又回到了那个格致中学操场的嬉笑欢乐声中,说着下课后的生煎包、油墩子、隔壁清真餐馆的牛肉包子,说着哪个高年级的男生最帅,谁谁谁又爱上了谁。若我们是在同一个大学分享过一间宿舍的室友,仿佛你还能感受到菁菁堂的宽敞、上院的冷清和下院的热闹,再聊起夜谈会的主题,想起宿舍楼下大喊爱人名字的回音。

也和年长后踏入社会、开始工作后的朋友见面聚会,比如同事,比如商业伙伴,比如商学院的校友,可气氛总不如年少时好朋友的轻松自在。也会谈起谁谁谁结了婚生了娃,谁谁谁又爱上了谁之类的八卦,可最后,又回到了做过的某个项目,投过的某个公司,谁又接了个单,谁又开发了个新品,谁又晋升了,谁又成就了。虽然很有意义,可真的少了年少时的简单和真实。因为我们认识的 anchor point 不同，彼此之间有所期待，期待的是当时相识时你的角色和头衔，是能够分析战略、讲出策略的顾问同事，是能够在商言商、分享共赢的商业伙伴，是能够论及领导力、着眼影响力的哈佛商学院同学。

我想，当你在什么样的年龄遇上了什么样的人，便定位了你和这些朋友之间的舞台和角色。当你再遇见他们时，你便脱下了后来一切角色的帽子，回归到当时的自己。越年少，越简单，越真实，我想，没有人会和我争辩这一点。所以，当你在生活的各个角色中辗转，自己都找不着北的时候，和年少时的好朋友约来一见是个最好的办法。当你和他们一起，或坐下喝一杯茶，或行走逛一次街，或奔跑踢一场球，你便找到了年少时的自己。未必那时是最真实、最简单的状态，但一定能让你打开了心扉，放下了包袱，回归了自我。

有人告诉我，从社交的目的来看，越早的朋友对事业和人生的帮助越少，因为一路上很早就走岔了，彼此的人生经历差距越大，共同话题越少，越不容易产生交集或对彼此产生效益。其实不然。朋友的意义，不仅仅在于商业和事业的互利互惠，更在于情感和人性上的互补互济。越早的朋友，越能让你记起小时候的自己，曾经的年少轻狂，曾经的纯真深情，曾经的梦想独特，曾经的义气凛然。

越早的朋友，越能让你回到最真实的自我，因为他们待你如你待他们，没有日后世俗的评判标准，没有层级职称，没有成就失败，只有彼此共同度过的好时光，平等、简单、真实而美好。

若你角色太多，纷繁复杂，和年少时的朋友喝个茶吧，你会找回简单的自己。若你角色卑微，信心丧失，和年少时的朋友喝个茶吧，你会找回平等的自己。若你角色傲人，高高在上，和年少时的朋友喝个茶吧，你会找回谦卑的自己。若你角色顿失，迷茫失落，和年少时的朋友喝个茶吧，你会找回主角的自己。

还等什么，快找年少时的朋友一起喝一次下午茶吧，比一次心理医师的治疗可有效多了，且欢愉自在没有精神压力！

Vvivi 建议你：

（1）不要觉得很久没联系彼此会没有话可聊，或者突然联系别人就是别有目的。网上有人发起了和社交圈里的陌生人喝咖啡的行动。你也可以告诉你朋友圈里的陌生人，你在仿效这个行动，和更多的陌生人或那些熟悉的陌生人成为真正的朋友。

（2）着手从你社交圈里逐渐生疏了的好朋友开始，试着先在社交媒体上联系他们，关心彼此的现状，再约他们出来喝一杯咖啡。

（3）在聊天时，请忘记现在彼此的职业、财富、外貌，真诚地互相关心，多聊一些涉及兴趣爱好的轻松话题，这样你会发现除了职场以外的另一片天空，除了头衔之外的真正的人生。

（4）经常组织同学们聚会，也记得拉上那些不常参加活动的同学，聚会时确定一个主题，比如读书分享、投资交流、每个人带一个拿手的菜等，这样可以避免聚会在插科打诨中过去了，没有真正的交流和了解。

我的行动计划：

_____

_____

_____

_____

_____

我的行动记录：

_____

_____

_____

_____

_____

第十五周

战无不胜：找到一条让自己充满自信的裙子

你需要多少衣服，才能让自己感觉良好？若你抓住一个女性，问她这样一个问题，她一定会不知所措地看着你，仿佛看到一个外星人。

"当然是越多越好。"

"多少件我不知道，我只知道那些让我感觉良好的衣服还不在我的衣橱里。"

"大概100件吧？让我想想，我的T恤大概就已经100件了。可能1 000件吧？"

接下来我要告诉大家的一件事一定会让所有女性或大多数男性都觉得不可思议。美国有个叫作Kristy Powell的女性在2011年1月3日，她年华26岁的时候，做了一个决定，要求自己在未来的一年内只穿同一件衣服，一条经典的小黑裙。这个决定叫作

"One Dress Protest",直译过来叫作"一条裙子的抗议"。

说得有高度点儿,Kristy 是想用实际行动来抵制美国的消费主义泛滥,说得实在点儿,Kristy 是想看看,自己作为女性若是远离了时尚大麻和物质主义,是否还能自信快乐正常地生活着。

是不是我们一定得依赖于大量丰富的"东西"才能让自己感觉良好,幸福美满,live happily ever after? 若是感兴趣的朋友,可以去看看她的博客(http://onedressprotest.com),上面完整地记录了她在一年内完成自己决定的过程。至于这一件衣服洗不洗的问题咱们就不仔细探究了,但是整个过程颇有趣味,值得让人回味。从开始的兴奋,用饰品、围巾搭配出各种时尚组合,到中期的厌倦,只想快点结束这个试验,到最后的平和,穿什么已经 out of mind,只关注于生活本身,毕竟自己穿着小黑裙始终没有革了时尚的命,到结束的回归兴奋,雀跃于最后又能穿上牛仔裤的快乐。

可见,"东西"和"时尚"未必是戒不掉的罂粟,却一定是生活不可缺少的甜点。连号称"铁娘子"的撒切尔夫人在竞选英国首相时,愿意妥协不戴帽子,同意改变发型,也积极配合降低嗓音,却坚决拒绝了形象顾问让她不戴珍珠项链的要求。这串两层的珍珠项链,是撒切尔夫人的先生丹尼斯在她生下双胞胎后送给她的礼物,撒切尔把它看做自己的幸运珍珠,一切自信的来源。也就是这串幸运珍珠,让她过五关斩六将,从一个富商的太太,最终成就为入主唐宁街 10 号 11 年之久的英国首相。

从幸运珍珠到时尚奴隶之间,其实是一条 fine line,谓之微妙之线,实则一步之遥。大多数的女性,拥有着远超过 100 件的衣服,满满的衣柜,却永远在早上匆忙地上班前,纠结于穿什么衣服去上班,也永远在一些特殊场合,郁闷没有合适的衣服出席活动,或者,欣喜有个借口去买新的衣服? 穿出门的,永远有些遗憾。或者上下装的颜色不是最搭,或者腰身有点小,让人透不过气来,或者臀围太紧容易产生 panty line,或者领口太松容易走光,甚至有的细节到袖管太紧坐地铁举不了手拉不了顶上把手的尴尬。各色小遗憾,就在每一天的生活中,因为穿着的不自信而引发一连串的心理崩溃。

其实你需要的不是一整橱让你不自信的衣服,也不是一整柜让你脚痛的鞋子,你需要的是几件让你穿上就觉得信心百分百,觉得自己无所不能、所向披靡、战无不胜的裙子或套装。现在,想一想一整橱衣服的来历:多少件是曾经年少时的青葱残留,渴望还能抓住青春的尾巴? 多少件是忽胖忽瘦时的旁门左道,看见就让你不堪回首? 多少件又是商场品牌打折时价格让你欲罢不能的囊中之物? 多少件是爸妈阿姨老公老婆的礼物你的心头鸡肋? 多少件又有了时间的痕迹：这里一块鸡汤迹，那里一点墨水印，掉了一颗纽扣，少了几针线头？难怪，每天早上你拿起了上衣，却找不到匹配的裤子；你穿上了裙子，却有没有合适的内衣；你披上了西装，却发现腰头不溜儿肩头有点儿瘦。

　　不要妥协，是每个女性，不，每个人都应该拥有的对时尚和生活的态度。我们经历过物质匮乏的旧时代，又快速来到了物质过剩的新时代，总是把数量排在人生的第一位，追求不同的种类、颜色、款式，愿意为数量、价格妥协牺牲这一点那一点的不满意。却忘记了质量才是对付有限时间、有限金钱、无限时尚的最好武器，也不容易记得材质、面料、裁剪才是衡量一件衣服是否值得拥有的必要条件。

　　你需要的，不是几百件衣服，而是仔细根据你的生活场合，你的人生态度，计划设计得来的你所需要的着装方案。举个例子，一年 365 天，若你有 200 件衣服（不要惊讶，请数一数你的衣橱，我保证你的衣服除去内衣超过这个数量），平均每天穿其中的 2.5 件，你的所有衣服一年也轮不到 5 次。而潮流时刻在变，即使是经典款在细节处也会有不同，一丁点儿细节就能让有心人纠结眼尖人不爽。与其一年只穿 5 次，你舍不得丢掉，来年再穿在身上变成过时款，不如精心选择每一季的衣服，在当季搭配穿戴到极致，来年通通换新。这样,你每年花费的着装成本没有增加甚至可以大幅缩减,却能永远在每一季穿对衣服,把省出来的费用用来增加单件衣服的支出,提高你的着装质量水准。而你,也少了那些鸡肋选择,每天早上起床出门或晚上 party,随手一件,都是自己当季的心头所爱。

若你不信,去试一下同样流行的 Project 333 吧。这个由 Courtney 在 2010 年发起的计划,是让所有人都尝试简洁时尚的好办法。计划要求你在每一季度的开始,从衣橱中找出 33 件衣服,把其他的统统打包,在这个季度的 3 个月内只靠这 33 件衣服度日。很多人一开始觉得不可思议,认为是个无法完成的任务,可是他们一旦开始便发现了这个计划的好处,他们对自己选择的衣物更挑剔,只选择最好的、最合适的。他们也对时尚更敏锐,因为只有懂得时尚才能取舍。他们也变得更有创意,通过不同的搭配和配饰让 33 件衣服把一个季度装扮得时尚感十足。最关键的是,计划实践一段时间后,通常你都不会记得自己打包起来的那些衣物都是些什么了。可有可无的东西,绝对不会让你思念纠结的。

还等什么?把衣橱里的鸡肋统统清走!记得你的衣橱的唯一准入标准,便是你穿上这件衣服后觉得自己光彩照人、所向披靡、自信满满!找到那一件让你自信的裙子或衣服吧,在自己的衣橱里,也在商场的衣架上。

Vvivi 建议你：

（1）你真的不需要这么多衣服！尝试清空或者筛选你淘宝的购物车和收藏夹吧。如果你的手机里订阅了很多会推送打折信息的公共账号，果断地取消关注吧。尽管打折商品可能在价格上有优势，但就质量和样式来说，并不一定是最适合你的。

（2）在购物之前先计划一下自己的工作、生活不同的场景，以及在不同场景所需要的衣服风格，以场景和需求为先，再看看自己需要哪些衣服，这样才能让自己无论出入任何场合都可以得体与自信。

（3）无论是男性还是女性，请养成一些关注时尚穿搭信息的习惯。男性可以关注色彩与线条的搭配，女性可以关注当季流行的款式和面料。但无论你看了多少时尚信息，一定要找到并定义自己的风格，这样才不会在购物时毫无头绪，被时尚带入陷阱。

（4）场景和风格计划过后，再回顾自己的衣橱，你会发现自己通常是稀缺某些场景的衣服，而某些场景的衣服重复太多。

我的行动计划：

_____

_____

_____

_____

_____

我的行动记录：

_____

_____

_____

_____

_____

第十六周

精神奖励：和恋人或闺蜜一起去画一幅油画

终于到了第 16 周了，若是你跟随着这些短文的节奏，每一周都让自己有所尝试，有所突破，想来每一天都必定是充满挑战，充满新鲜的。还记得第一周的 Collage 画报拼图吗？希望 16 周后，你能充满喜悦地告诉自己，是的，我离更美好的自己又进了一步。又或，16 步。

这 16 周，从发现更美好的自己开始，我们一路探索、发现和改变。从美好的人生态度，到更有力的生活方式，到更快乐的自我创造，到更坚韧的精神力量，我们经历了发现、实践、探索和成长的四个阶段。每一周都打散了不同阶段的内容，让整个过程更多元更有趣，不至于重复停留于某个方面而产生疲倦。也许你会说，时间太短啦，一周七天还不能够养成一个习惯。是的，但是习惯终有开始，让自己为开始走向更美好的自己迈出第一步而鼓掌欢愉吧。

不要吝惜对自己前行的每一步都有所奖励，好的反馈会让你走得更远、更有动力。

那你该如何奖励自己呢？单单是奖励这个词就足以让我们心花怒放。从幼儿园老师给我们戴上的大红花，到小学时老师发给我们的五角星，到大学时的奖学金和工作时的晋升和奖金，总是让人喜悦无比。是出去买下自己心仪的那双 Loafer、那件蕾丝镂空上衣，还是吃一盘新鲜牡蛎、来一个土豪金 iPhone 6S，或是去罗马度假、巴黎购物、希腊游船？嗯……在你开始丰富的想象力和打开荷包之前，先一起读完并来试试 16 周的最后一个主题吧，有关乎精神奖励。

我们习惯于物质思维，因为太容易得到了。朋友结婚送个红包加张贺卡，家人生日买个蛋糕送个礼物，做完一个项目买套 Tom Ford 的西装以作纪念，晋升了奖励自己一个包包外加一副 Cartier 的钻石耳饰。每天都有那么多诱惑，有借口可以打开荷包，怎么能够错过？可是，我想让你试试其他的，比如，和恋人或朋友一起去画一幅油画。哦，你一下子有些不知所措了。若不是艺术系毕业，我们的艺术水准基本停留在中学时用 2B 的铅笔浓淡相宜地画着那只土不啦叽灰不溜秋的土瓦罐，美妙带点儿色彩的就是蜡笔画、水彩画了。你有多少年没有画画了？看过 Picasso 的抽象派，

Monet 的印象派，有没有一丝念头飘过，你也可以再拿起画笔画画？你说这是小朋友的专利，是用来开发大脑、培养艺术修养的工具。是吗？难道人生的年华过了 10 多岁就不再需要雕琢、培养和开发了？什么时候，我们放弃了自己？

太麻烦了，要去买画布，买画框，买画架，买油画笔，买毛刷，买颜料，买松节油，买调色油。太难了，要学北欧尼德兰画派的透明薄涂画法，还是南欧意大利画派的不透明厚涂画法，又或是融合南北技法暗部透明薄涂、亮部不透明厚涂的折中画法？听着就让人头痛，更何况，画哪一幅画呢？是对着瓦罐，还是对着人体，又或是对着画册临摹呢？太多问题需要回答，太多知识需要了解，太多工作需要准备了。这哪里是奖励，简直是折磨。你心想着。

不用啦，我们已经从物质社会进阶到了服务社会。一切与物质和技法相关的，都有人为你准备妥当。你所需要做的就是带着伙伴，放空心情，去发现自己的艺术气息和想象力。去豆瓣同城上找找吧，有太多的油画工作室在周末开放给大家，画板、材料一切准备妥当，连画什么画怎么画，都有专业人士给你指点。你所要做的，就是去尝试。两手空空而来，干干净净地离开，除了双手可能沾染了点儿艺术的色彩。几十块钱还能把自己的画带走,有比这更开心的事情吗? 更何况,根据科学调查,增进人类相互感情最好的办法就是一同去尝试不同寻常的经历。整个过程中,因为兴奋、新鲜、好奇、紧张等各种情绪,调动了荷尔蒙和肾上腺素,让彼此在不同寻常的身体和精神感受中自我升华,也拉近了彼此。

当然,若你实在不喜欢画画,还有太多的精神经历可以去尝试。比如,滑雪棒球 Kayak,催眠塔罗牌音乐会,学习烘焙意大利菜,古筝围棋古茶道,或者去西藏仰望唐古拉山,到阿拉斯加穿越冰川。太多的精神选择和奇妙经历等着你去探索。深深印刻在脑海中的愉快经历比物质所获更持久,更难忘,更令人回味。

若是一样花钱,试试把钱花在买经历上而不是买物质上吧。大部分的时候,只要你充满创意,那些有趣而难忘的经历通常是不用花钱或花大钱的。若是物质终有一天会过时老化,遭遇喜新厌旧,或者丢失遗落,最多只是在你拥有的那一瞬间让愉悦攀至顶峰,随后便随着岁月的流逝日渐削弱。而经历会变换成一个人的记忆,两个人的回忆,那些一同有过的紧张和不确定,一同嬉笑过的失败和难堪,一同感受过的意外和自信,终究会留下来,在每一次紧张时给你确信,在每一次失败时给你信念,在每一次退缩时给你自信;终究会越来越强,在每一次相聚时,在相互的一个眼神中交流着、想起、说起、惺惺相惜着。

　　从这一次开始吧，给自己一个精神奖励，作为十六周蜕变的 Finale，也宣告着更美好人生的开始。去，和小伙伴们一起，画一幅 油画吧！

Vvivi 建议你：

（1）画油画真的没有你想象的这么难，你自己也并非对艺术一窍不通。实际上用铅笔打好底稿再上色，几乎是没有人会失败的。

（2）挑选绘画对象也是很有门道的。人物画的比例比较难掌握，风景画又可能因为颜色层次太多而难以画出神韵。初学者不妨从简单些的静物或带些卡通样式的图案开始尝试吧。

（3）自己网购一套油画工具在家创作也是很简单的。现在很多商家都有供初学者使用的成套画具出售，从画笔到油彩再到画布一应俱全，价格也十分便宜。还有不少专门给业余的朋友准备的画室，豆瓣上还可以结伴去试画，这些都是让你入门的好办法。

（4）如果你在学生时代有一些艺术上的爱好，不管上没上过兴趣课都没关系，工作之余慢慢重新拾起这些难得的消遣，或培养这个自己从没想到过的爱好吧。你会意外地发现，其实自己很有艺术天赋呢！

我的行动计划：

_____

_____

_____

_____

_____

我的行动记录：

_____

_____

_____

_____

_____

附录

让我们一起遇见更好的自己

曾经有很多的朋友跟我说，你写的《十六周的人生蜕变》的每一篇都很好，但是真的让我一项项对照着去做却很困难，靠一个人培养好的习惯实在太孤单了！于是我想，为什么不把那些既优秀又喜欢探索新可能的朋友集合在一起呢？

如果独自前行很难坚持，那就把自己沉浸在有动力的环境中，总会更轻松些的。于是我们十六周的线下分享会就这么诞生了！

蜕变从设定目标开始，重要的是找到真正能激励自我的一个方向。我喜欢埋下种子与不断浇水去培育它的过程，而蜕变就是需要将种子埋下去。于是在蜕变的第一站，我们每个人从几十本不同风格的杂志中，寻找到了潜意识里打动自己的 12 张图片，用心灵拼图的方式向身边的伙伴分享了自己的人生偶像与理想生活，既有政治人物撒切尔夫人，也有明星安吉丽娜·朱莉，商界传奇理查德·布兰森，还有自己的家人。

"Let the dream devour your life before the life devours your dream."这是《小王子》中的名言，参与者 Charles 借用这句话来阐释了自己的拼图，来自法国的他期待能够让梦想不断充实自己的人生，即使白发苍苍也能旅行到未曾到过的地方。

在这本书里，有很多关于健康生活的篇章，我们也因此组织了非常有趣的健康饮食和生活活动。来自澳洲的健康营养专家，在永嘉路老式的别墅洋房里带动小伙伴们一起动手制作了各种口味的健康绿果昔和有机生食午餐。在动手与进餐的同时，大家纷纷分享自己在国内外生活的经历，讨论了一些健康生活的窍门。

热瑜伽是我在哈佛读书时非常喜欢的项目，每一次热瑜伽都能让我感受到身心的重生，所以我也希望参加蜕变分享会的朋友都能爱上瑜伽、爱上运动。我们邀请了曾有长期竞技体育生涯的美女瑜伽老师，在新年后的第一个周末带领大家共同潜心聆听梵音，让高温瑜伽放松因为工作而紧张的肌肉和精神，带着自己听到了心底真正快乐的声音。

蜕变的旅程逐渐进入中期，更多不同人生阶段、不同职业领域的朋友加入了我们。参与者在不断蜕变，我们的活动也在不断蜕变。在油画之旅中，我们支起画架，拿起画板，挑选油彩，在温馨的阳光和音乐中，各自完成了自己的油画处女作。画笔或轻或重地将颜色叠加在雪白的画布上，完成一幅带有情感和创造的作品，就像将自己曾经的段段经历不停展现出来，将生活重新梳理了一次。

我们和全球女性璀璨之夜上海站合作，带领华服盛装的参与者体验了一次与 500 多个陌生人觥筹交错的社交体验。与全球 MBA 校友和高管精英一起，聆听世界顶尖商学院校友的演讲，与各路菁英和投资人交流想法，对很多人来说可能是第一次，但一定不会是最后一次。

在轻松愉悦却惊喜满满的过程中，我们不仅结识了很多蜕变伙伴，也结识了形形色色富有激情和创造力的创业者。

我的高中挚友 Maple Yuan，在她南京西路闹中取静的静茶书院为我们筹办了第一次活动，准备了手筑黑茶和大蔬无界旗下的 Miss Ma 马卡龙和蔬彩卷，让我们的第一期活动在富有禅意的气氛中旗开得胜。

来自澳洲的 Kimberly Ashton 和我有着共同的对长寿饮食和平衡膳食的喜爱，Kimberly 则将传播这种生活方式当成了事业。Green smoothie 活动中，她在自己的健康品牌 Sprout Lifestyle 的工作坊里，用羽衣甘蓝、树莓、小麦草等为我们现场制作了各种口味的高叶绿素健康绿果昔，并呈现了她的有机生食的美味选择。

May Chen 是我在十六周蜕变中认识的富有创新精神的新朋友。曾经打造了许多沪上知名广告的她，相信每位女性都是自己的女王，创办了零基础油画生活方式工作室 Queens Art Spot 女王艺术据点，带领大家体验"人人都能是艺术家"的理念。

爱读书也爱买书的我，与季风书园的老板 Calvin 一见如故。一直秉承着独立文化立场、自由思想表达的季风书园十年如一日在商业社会中坚持自己的理念。这里静谧的氛围和琳琅满目的书籍，成为了"读一本好书"主题最好的实践和分享地。

当我想带着大家酣畅淋漓地练习一场热瑜伽时，原来是 Y + Yoga 高管的 Stone，在他新办的 My Soul Yoga & Pilates 欢迎了我们。安静、快乐、友爱的理念，宽敞静谧的教室，我们彻底地享受了新年后第一场身体和精神的共修。

You are what you read. You are what you eat. You are what your habits are. 也许你觉得自己蜕变的细胞不足，也许你苦于很难得到蜕变气氛的熏陶，但实际上你只是缺少自己对外发现美、汲取蜕变的力量。只要你真正跳出自己的天井，就能发现外面的天空是多么地广阔和斑斓。

在我自己的微信公众平台"16 周变形记"中，有一个固定栏目叫做"V 访谈"。访谈希望受访的独立女性或成功男士分享自己在人生和职场的蜕变经历，谈一谈经历背后的个人思考与坚持，分享帮助自己不断进步的良好习惯和读书习惯，推荐最近正在读或非常喜欢的几本书，并谈一谈为什么喜欢这些书。访谈的最终目的，是希望带给读者可以借鉴的思考方式、立即执行的启示，激励他们行动起来，实现自己独特的人生蜕变。

我们的访谈，分享了许多星光熠熠的蜕变故事。

美国罗氏维生素的前高管 Grace Xu，是一个极其富有冒险精神的人。拥有 20 多年营养领域领导经验的她，毅然放弃了纽约中央公园的顶层公寓，回国创立了 VIVA 微娃营养，直面国内的食品和营养品安全问题，希望把好的营养产品和儿童理念带给全世界的小朋友。她的责任心与潇洒气质让人仰慕。

Mika 作为一个很有想法的原创设计师，热爱生活，内心丰富细腻，是新一代女性时尚生活家的代表。她把对美的极致追求体现到了生活的各个环节。她常说我是她的 Muse，其实她也是我的 Muse。她将自己的品牌 Awaylee 定位为"触手可及的美"，强调对自然的尊重，纯真、优雅简约就是最美好的力量，这一点和我对人生和美的看法不约而同。

Pantry's Best 的创始人之一王倞是我在麦肯锡工作时的同事，她是一个多才多艺的女性，对音乐尤其是钢琴十分在行。她和毕业于斯坦福计算机系的男朋友 Mark 用创意和科技混合出了梦想中的西式甜品，并一路把门店从北京拓展到了上海、天津和杭州。她在同时监管物流、客服、生产、门店的情况下，还坚持每天早上做瑜伽，是非常有工作和生活激情的人。

我最想和大家分享的平台，是微信公众平台"16 周变形记"。在这里，我不是 Vvivi，而是狐小姐，会定期与读者分享个人书评、生活杂感，也会邀请我的好朋友在 V 访谈中分享自己的蜕变故事。这里也是十六周蜕变分享会的预告与报名平台。发现好书、好活动，保持对生活的好奇与热爱，坚持体验与冒险的心态，我希望通过这个平台，和大家一起遇见更好的自己！

十六周蜕变的另一官方报名平台是 MBA Bibles。MBA Bibles 协助组织了十六周蜕变的每一场活动，也筹办了沪上许多世界名校 MBA 校友的聚会和论坛，为拥有母校情结的精英们提供了很好的社交平台。

Lean in Shanghai 是上海 Lean In Circle 为促进女性寻找和实现自我而设立的交流平台。这个平台"让我们做最好的自己"的理念，简直与我的十六周蜕变活动不谋而合。

这本书能够顺利出版，十六周的系列活动能够圆满完成，我想特别地感谢活动团队的负责人 MBA Bibles 的创始人 Alex Xie 和我的个人助理 Su Jin。他们帮助我策划、组织、总结了每一期活动，从而让许多人的蜕变梦想真正变成了现实。

无论是十六周蜕变的微信平台还是线下活动，我们希望给大家带来感官和精神上的新体验。我希望用自己作为战略官的眼界和欧洲、美国各地的生活经验，与大家分享对文化、人生、时尚、成功、职场的不同理解，也期待大家带来自己的故事和想法。

我们定位于渴望改变并获得更好人生的你。在这里，你能够遇到一群志同道合的朋友，他们既有专门从事投资、战略咨询、收购兼并的职场精英，更有众多领域的创业者，还有曾留学全球的名校校友们。他们不仅与你有着不同的职业、国籍、社交圈，也有着不同的人生思考与目标。你能在舒适的环境中和他们讨论新鲜的话题，一起尝试新的工作和生活的思维，一同体验一个更广阔的世界。

站得更高，看得更远，想得更精彩。

十六周的人生蜕变，让我们一起遇见更好的自己。

活动心声

我发现了不一样的自己。以前的我不知道怎样是有目标地活着，心灵拼图让我寻找到了潜意识里想要的人生状态。谢谢 Vvivi 鼓励我朝着这个状态努力，教我如何时刻提醒自己。

无论是律师还是现在的工作，都是偏向技术型的岗位。我被"蜕变"这个词打动了，希望多接触一些有朝气的人，与大家分享心灵，更好地迎接未来的生活。

人生应当分为三个阶段：探索自我、实现自我、创造自我。我目前已经完成了探索阶段，开始通过好的项目投资，不断实现自我，因此很愿意跟大家分享自己的人生体会。

正如 Vvivi 在瑜伽课伊始所提到的，我们要尝试着去打破自己的舒适区，做一些一直想做却由于各种原因而尚未开始或是自己从未想过要去尝试的。就像"十六周蜕变活动"中所倡导的那样，努力做一些改变，我们都能够遇见更好的自己。

今天活动感触比较深的一句话：成功是你得到了你想要的，幸福是你得到的真是你想要的。

加入我们：

微信公众平台"16 周变形记"：

Sixteenweeks

新浪微博@Vvivi

活动伙伴微信公众号：

静茶书院：jingchashuyuan

Sprout Lifestyle：Sproutlifestyle

女王艺术据点：nvwangjudian

季风书园：jifengshuyuan520

My Soul Yoga & Pilates：mysoulyoga

MBA Bibles：MBABibles

Lean In Shanghai：LEANINSHANGHAI

VIVA Nutrition：VIVANutrition

Awaylee：awaylee-design

派悦坊：Pantrysbest